Sperschneider · Dialyse

Ihre

Heide Sperschneider

Weihnachten 1995

Heidelberger Wegweiser
Wegweiser Gesundheit

Heide Sperschneider

Dialyse

Ein Ratgeber für Patienten und Angehörige

Hüthig Verlag Heidelberg
J. A. Barth Verlag Heidelberg · Leipzig

Autorin:

Prof. Dr. med. Heide Sperschneider
Klinik für Innere Medizin IV der
Friedrich-Schiller-Universität
Erlanger Allee 101
07740 Jena

Die Deutsche Bibliothek – CIP-Einheitsaufnahme

Sperschneider, Heide:
Dialyse : ein Ratgeber für Patienten und Angehörige / Heide Sperschneider. - Heidelberg : Hüthig : Heidelberg ; Leipzig : Barth, 1995
(Heidelberger Wegweiser : Wegweiser Gesundheit)
ISBN 3-7785-2358-9

Satz: Strassner ComputerSatz, Leimen
Druck: Druckhaus Beltz, Hemsbach
Titelfoto: Baxter Deutschland GmbH
ISSN 0931-0959
ISBN 3-7785-2358-9

Geleitwort

In Deutschland werden derzeit ca. 40.000 Patienten mit einem Endstadium ihrer Nierenerkrankung durch eine sogenannte Nierenersatztherapie (Hämodialyse, Peritonealdialyse) nicht nur am Leben erhalten, sondern auch weitgehend rehabilitiert und in geeigneten Fällen auf eine Nierentransplantation vorbereitet.

Durch die frühzeitige Erfassung und häufig langjährige Betreuung der chronisch nierenkranken Patienten werden die meisten rechtzeitig mit diesen neuen Behandlungsverfahren vertraut gemacht. Dies geschieht einerseits durch therapeutische Maßnahmen, andererseits durch Gespräche zu den verschiedensten Aspekten mit dem Arzt, mit dem Pflegepersonal, der Diätberaterin, manchmal auch dem Psychologen, Sozialarbeiter u. a. Schriftliche Informationen, Bildmaterial und Videokassetten komplettieren das Angebot.

Dennoch stellt die Dialysebehandlung für die Patienten einen enormen Einschnitt in ihre bisherigen Lebensgewohnheiten dar. U. a. bestimmen Fragen der weiteren Berufstätigkeit, soziale Veränderungen oder sexuelle Probleme nun vordergründig das Denken und Handeln. Auch die Familienangehörigen müssen sich auf diese neue Situation einstellen, sowohl bei Durchführung der Dialyse in einem Zentrum, vor allem aber bei der Heimhämodialyse und bei der ambulanten Peritonealdialyse. Hier muß ein Höchstmaß an Verständnis und Hilfeleistung erwartet und entgegengebracht werden. Die Auseinandersetzung mit diesen vielschichtigen Problemen verursacht ein erhöhtes Informationsbedürfnis, das nicht immer durch die o. g. Möglichkeiten befriedigend gestillt werden kann. Deshalb ist das vorliegende Buch „Dialyse. Ein Ratgeber für Patienten und Angehörige“ eine wertvolle Ergänzung. Es vermittelt dem Patienten, alle für die Dialyse wichtigen Informationen (Technik, Dialysefistel, Überwachungsprobleme, Komplikationen, Ernährung, medikamentöse Behandlung, psychologische Probleme u. a.) und beantwortet seine diesbezüglichen Fragen umfassend und klar. Von der Verfasserin werden die verschiedenen Aufgaben der Nieren allgemeinverständlich erläutert und die Störungen und Krankheitserscheinungen bei deren Ausfall beschrieben; dadurch sind dem Patienten die therapeutischen Notwendigkeiten (Eiweiß-, Flüssigkeits-, Kochsalzufuhr, Einnahme der Medikamente) und diagnostische, manchmal auch invasive Untersuchungen eher einsichtig. Dieses Buch ist aber auch ein guter Ratgeber für die in die Betreuung des Patienten einbezogenen Familienangehörigen, die viele Anregungen und Hinweise für ihr richtiges Verhalten vermittelt bekommen.

Das von Frau Prof. Dr. Sperschneider – Oberärztin des Funktionsbereiches Nephrologie der Klinik für Innere Medizin IV der Friedrich-Schiller-Universität Jena und hauptverantwortlich für Dialysebehandlung und Nierentransplantation – auf der Grundlage einer langjährigen klinischen Erfahrung und wissenschaftlichen Tätigkeit didaktisch geschickt geschriebene Buch füllt zweifellos eine Lücke im Informationsangebot. Es wird vielen Patienten helfen, noch besser mit ihrer Krankheit fertig zu werden, die Mitarbeit am Rehabilitationsprozeß zu verstärken und damit die eigene Lebensqualität zu verbessern.

Deshalb wünsche ich diesem Buch eine weite Verbreitung; möge es allen Lesern ein wertvoller Ratgeber sein!

Jena, im Juli 1995

Prof. Dr. G. Stein
Direktor der Klinik für
Innere Medizin IV
der Universität Jena

Vorwort

Für viele chronisch nierenkranke Patienten ist die Dialyse zu einer lebensnotwendigen Therapie geworden. In Deutschland ist heute für jeden der ca. 40.000 Patienten mit einem chronischen Nierenversagen ein Weiterleben mit Hilfe der sogenannten Nierenersatztherapie gesichert. Dazu gehören die Hämodialyse, Bauchfelldialyse und die Nierentransplantation. Für die Betroffenen sind es Behandlungsalternativen, die trotz aller mit ihnen verbundenen Einschränkungen der Lebensqualität bei medizinischer und klinischer Stabilität Zufriedenheit bringen können.

In diesem Buch geht es weniger darum, im Detail die technischen Grundlagen einer Dialyse und komplizierte Membranstrukturen eines modernen Dialysators zu erörtern. Dieser Bereich liegt in der Verantwortung der behandelnden Ärzte. Es geht vielmehr darum, den zukünftigen und gegenwärtigen Dialysepatienten und ihren Angehörigen aufzuzeigen, daß trotz der verständlichen Angst vor der Zukunft, Behandlungsmöglichkeiten bestehen, die das Leben wieder lebenswert machen können.

Dem Betroffenen wird bald bewußt, daß die Dauerdialysebehandlung einen starken Einschnitt in das normale Leben bedeutet. Es muß neu gestaltet werden, und das gelingt um so besser, je mehr Informationen der Patient erhält. Diese betreffen seine Krankheit, die Behandlungsmöglichkeiten mit all ihren technischen Verbesserungen, aber auch die möglichen, bei Kenntnis durch den Patienten, oft vermeidbaren Komplikationen.

Die Möglichkeit der ambulanten Behandlung ist die wesentliche Voraussetzung für die soziale und berufliche Rehabilitation dieser Patienten. Der Erfolg einer Dialysebehandlung wird am Wohlbefinden und an der Leistungsfähigkeit gemessen. Diese werden aber nicht nur von der „Dialysedosis“, sondern auch von der aktiven Mitarbeit des Patienten durch körperliches Training bestimmt.

Der Dialysepatient steht nie allein. Das Dialysepersonal kann er als seine Partner betrachten. Die Familie sollte mit einbezogen werden. Eine Reihe von staatlichen Vergünstigungen werden gewährt und verschiedene Selbsthilfegruppen bieten die Möglichkeit zum Erfahrungsaustausch. Der aufgeklärte Dialysepatient, der die Vielschichtigkeit der Problematik im Zusammenhang begreift, hat viele Möglichkeiten, einen aktiven Beitrag zur eigenen Behandlung zu leisten.

Dieses Buch soll helfen, den richtigen Weg zu finden, mit der Krankheit zu leben und unnötige Komplikationen bewußt zu vermeiden. Es soll dem Betroffenen Mut und Selbstvertrauen geben sowie ihm die Notwendigkeit der eigenen Verantwortung deutlich machen – ihm also eine positive Einstellung zur Krankheit vermitteln.

Jena, im Juli 1995 *Prof. Dr. med. H. Sperschneider*

Inhalt

Geleitwort		5
Vorwort		7
1	**Die Nieren**	12
1.1	Anatomie der Nieren	12
1.2	Aufgaben der Nieren	14
2	**Das chronische Nierenversagen**	16
2.1	Die wichtigsten Ursachen eines chronischen Nierenversagens	16
2.2	Symptome eines chronischen Nierenversagens	18
2.3	Therapie des chronischen Nierenversagens	21
2.4	Vorbereitung des Patienten zur Dialysebehandlung, Auswahl des Dialyseverfahrens	25
3	**Behandlungsmöglichkeiten des chronischen Nierenversagens**	28
3.1	Blutreinigungsverfahren	28
3.1.1	Hämodialyse (HD)	28
	Was bedeutet Hämodialyse ?	29
3.1.2	Hämofiltration (HF)	35
3.1.3	Hämodiafiltration (HDF)	37
3.1.4	Bauchfelldialyse (Peritonealdialyse)	38
	Kontinuierliche ambulante Peritonealdialyse (CAPD)	40
	Intermittierende Peritonealdialyse (IPD)	43
	Kontinuierliche zyklische Peritonealdialyse (CCPD)	43
3.2	Nierentransplantation (Nierenverpflanzung)	45
4	**Was der Dialysepatient von der Dialyse wissen sollte**	47
4.1	Gefäßzugang für die Hämodialyse	47
4.1.1	Vorübergehender Gefäßzugang	47
4.1.2	Ständiger Gefäßzugang	48
	Fistelpflege	49
	Fistelkomplikationen	50

4.2 Heparinisierung 53
4.3 Dialysierflüssigkeit 55
4.3.1 Herstellung von Reinwasser (Permeat) 56
4.3.2 Herstellung der Dialysierflüssigkeit 56
4.4 Dialysevorgang 57
4.4.1 Vorbereitung des Patienten zur Dialyse 58
4.4.2 Anschluß an die künstliche Niere 59
4.4.3 Überwachung während der Dialyse 61
4.4.4 Wasserentzug (Ultrafiltration) 62
4.4.5 Ernährung während der Dialyse 64
4.4.6 Beendigung der Dialyse 65
4.4.7 Mögliche Komplikationen während der Dialyse 65
Störungen der Organfunktionen des Dialysepatienten während der Behandlung 66
Apparative Störungen des Dialyseablaufes 69
4.4.8 Medikamentöse Therapie 70
4.5 Das Leben zwischen den Dialysen 73
4.5.1 Ernährung 73
4.5.2 Psychische Probleme 82
4.5.3 Physische Situation 83
Tauglichkeitsuntersuchungen für das Training 84
4.5.4 Psychosoziale Aspekte 86
4.5.5 Sozialrechtliche Folgen 88
Gesetzliche Krankenversicherung 88
Gesetzliche Rentenversicherung 90
4.5.6 Sexualität und Kinderwunsch 91
4.6 Langzeitkomplikationen 93
4.6.1 Herzkreislaufsystem 93
4.6.2 Knochenstoffwechselstörung (renale Osteopathie) . . 97
4.6.3 Störungen des Nervensystems 99
Gehirn 99
Peripheres Nervensystem 100
4.6.4 Infektionen 100
Bakterielle Infektionen 101
Virusinfektionen 101
AIDS 103
4.6.5 Tumorerkrankungen 104
4.6.6 Hautveränderungen 105

4.6.7 Anämie und andere Störungen des blutbildenden Systems ... 106
Blutarmut (renale Anämie) ... 106
Weiße Blutkörperchen (Leukozyten) ... 107
Blutplättchen (Thrombozyten) ... 107
4.6.8 Probleme des Verdauungstraktes ... 107

5 Berufstätigkeit, Rehabilitation, Fahrtauglichkeit, Kuren, Urlaub, Selbsthilfegruppen ... 110

5.1 Berufstätigkeit ... 110
5.2 Rehabilitation ... 111
5.3 Fahrtauglichkeit ... 113
5.4 Kuren für Nierenkranke und Dialysepatienten ... 114
5.5 Urlaub ... 114
Anschriften der Patientenorganisationen ... 115
5.6 Selbsthilfegruppen ... 117
Anschriften ... 117

6 Heimdialyse ... 130

Schlußgedanken ... 131

Ergänzende und vertiefende Literatur ... 133

Erklärungen der Fremdwörter und Abkürzungen ... 135

Information der Deutschen Dialyse Gesellschaft Niedergelassener Ärzte e.V. ... 140

1 Die Nieren

1.1 Anatomie der Nieren

Die Nieren sind von bohnenförmiger Gestalt und liegen beiderseits der Lendenwirbelsäule unterhalb der letzten Rippe. Von den Bauchorganen sind sie durch das hintere Bauchfell getrennt. Jede Niere wiegt ca. 150 g, ist in Abhängigkeit von der Körpergröße 12 bis 13 cm lang und 5 bis 6 cm breit. Beide Nieren haben in der Mitte eine Einbuchtung, an der die Nierenschlagader eintritt, die Nierenvene und der Harnleiter austreten. Über den Harnleiter fließt der Urin über eine Strecke von 25–27 cm in die Harnblase. Auf dem Längsschnitt (Abb. 1a) lassen sich mit bloßem Auge zwei verschiedene Strukturen erkennen: die Rinde mit den Nierenkörperchen (Glomeruli) und das in Pyramiden angeordnete Mark. Jede Niere enthält etwa 1 Million Nephren. Ein Nephron ist die kleinste Funktionseinheit der Nieren und setzt sich aus jeweils einem Nierenkörperchen und dessen harnableitenden System (Nierenkanälchen) zusammen (Abb. 1b und 1c).

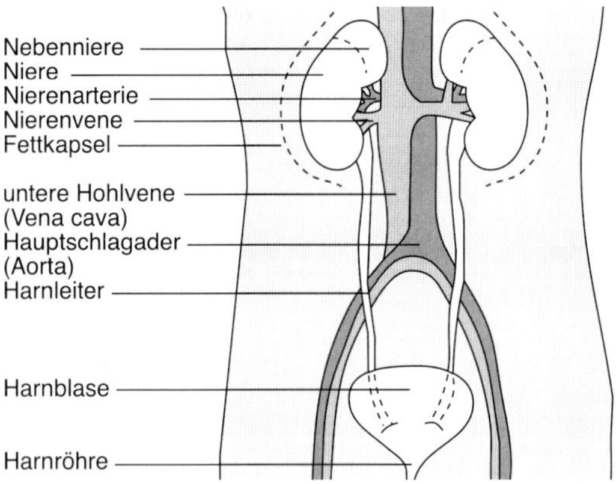

Abb. 1a: Lage der Nieren

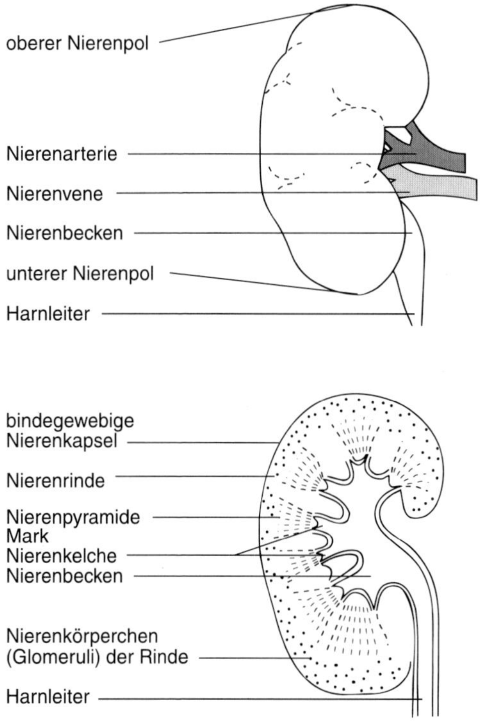

Abb. 1b: Anatomie der Nieren

Jeden Tag fließt durch beide Nieren die fast unvorstellbare Menge von 1.700 Litern Blut, das sind 1,2 Liter pro Minute. Dabei wird Plasmawasser (Primärharn) in den Nierenkörperchen abgepreßt (abfiltriert) und im harnableitenden System zum größten Teil wieder aufgenommen (resorbiert). Bestimmte Stoffe können außerdem aus den Zellen in das harnableitende System abgegeben werden. Das Endprodukt der Leistung der Nierenkörperchen und des harnableitenden Systems ist der **Urin**. Seine Herstellung unterliegt einem komplizierten Regelmechanismus, an dem verschiedene Hormone beteiligt sind, die teilweise in den Nieren selbst gebildet werden.

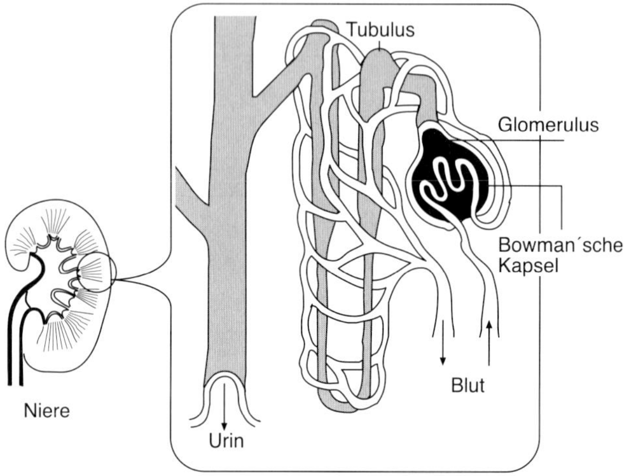

Abb. 1c: Aufbau eines Nephrons

Durch dieses komplizierte System sorgen die Nieren für ein Gleichgewicht im Wasser- und Salzhaushalt des Körpers, beeinflussen entscheidend den Blutdruck des Menschen und sorgen für eine „Entgiftung" des Blutes von Stoffwechselendprodukten.

1.2 Aufgaben der Nieren

Nicht nur durch Tierexperimente, sondern auch aus dem Verlauf von Erkrankungen war viel über die Funktion der Nieren zu lernen. Während früher die Nieren für reine **Ausscheidungsorgane** angesehen wurden, weiß man heute um ihre Bedeutung als **innere Drüsen**, das heißt, die Nieren sondern auch Hormone in das Blut ab. Im einzelnen lassen sich die Funktionen folgendermaßen charakterisieren:

1. Ausscheidung von:
   - „harnpflichtigen" Substanzen, auch Schlackenstoffe genannt (z. B. Harnstoff, Kreatinin, Harnsäure);

- überschüssigen Salzen oder deren Bestandteile, (z. B. Natrium, Kalium, Phosphat, Wasserstoffionen);
- Giften und Medikamenten.

2. Regulation der Wasserausscheidung:
   - Konzentration des Urins bei Durst oder fehlender Flüssigkeitszufuhr (stark riechender oder dunkel gefärbter Urin);
   - Ausscheidung von überschüssigem Wasser aus Nahrungsmitteln und/oder Getränken (wenig riechender oder heller Urin).
3. Abbau von körpereigenen Hormonen (z. B. Insulin).
4. Die Niere als innere Drüse (Absonderung von Hormonen aus der Niere in das Blut):
   - Bildung des Hormons Erythropoietin, das für den Aufbau von roten Blutkörperchen im Knochenmark unerläßlich ist;
   - Bildung von sogenanntem aktiven Vitamin-D-Hormon, welches für den Knochenstoffwechsel und die Aufnahme von Kalzium aus dem Darm wichtig ist;
   - Bildung von Renin (einem Eiweißkörper), das die Blutdruckregulation und die Funktion der Nebennierenrinde beeinflußt.

Aus diesen Funktionen ergibt sich bei einer Einschränkung der Nierenleistung beispielsweise, daß:

- der Diabetiker weniger Insulin benötigt (es wird langsamer abgebaut);
- viele Medikamente niedriger dosiert werden müssen (sie werden verzögert abgebaut und verzögert ausgeschieden).

2 Chronisches Nierenversagen

2.1 Die wichtigsten Ursachen eines chronischen Nierenversagens

Das chronische Nierenversagen ist ein Zustand, bei dem die Funktionen der Nieren weitgehend und auf Dauer verlorengegangen sind. Viele Erkrankungen können zum chronischen Nierenversagen führen. Die wichtigsten sind in Tabelle 1 dargestellt.

Tab. 1: Erkrankungen, die zum chronischen Nierenversagen führen

1. Chronische Entzündung der Nierenkörperchen (chronische Glomerulonephritis),
2. Nierenerkrankung bei Diabetes mellitus,
3. chronische Entzündungen der Harnwege (chronische Pyelonephritis),
4. Erkrankungen der Nierengefäße (beispielsweise als Folge eines Bluthochdrucks),
5. durch Medikamente hervorgerufene Nierenerkrankungen (z. B. Analgetika-Nephropathie),
6. zystische Nierenerkrankung,
7. Befall der Niere bei anderen Krankheiten, z. B. bei sogenannter Amyloidose,
8. Erbkrankheiten und Anlagefehler,
9. chronisches Nierenversagen bei unklarer Ursache.

In diesem Zusammenhang sollen **einige Besonderheiten** hervorgehoben werden, ohne jedoch auf die genannten Erkrankungen näher einzugehen:

- Bei einem Teil der Patienten mit chronischem Nierenversagen kann der Arzt die Ursache nicht mehr feststellen. Dabei spielt eine Rolle, daß zahlreiche chronische Nierenerkrankungen **„stumm“** verlaufen. Das bedeutet beispielsweise: keine „Nierenschmerzen“, kein Brennen beim Wasserlassen, keine Farb- oder Geruchsänderung des Urins.

- Auch zahlreiche **Medikamente** können eine Nierenschädigung auslösen. Das gilt für bestimmte Antibiotika, vor allem aber auch für Schmerzmittel, wenn diese ständig eingenommen werden (hier liegt die Verantwortung in den Händen des Patienten selbst). Unkontrollierte Einnahme von „harmlosen" Kopfschmerzmitteln, Rheumamitteln u. a. über längere Zeit kann zur Zerstörung von Nierengewebe und zum Nierenversagen führen (auch Analgetika-Nephropathie genannt). Wird diese Situation noch vor Erreichen des dialysepflichtigen Stadiums erkannt, dann ist diese Erkrankung einer der wenigen, die durch Absetzen der entsprechenden Medikamente in ihrem Fortschreiten aufgehalten werden kann.

- Bei **Zuckerkranken** (Diabetikern) kann es nach jahrelanger Erkrankung zu einer Nierenschädigung kommen (sogenannte diabetische Nephropathie), die zu einer Zerstörung des Nierengewebes und damit zur Dialysepflichtigkeit führt. Davon sind etwa 30–50 % der primär insulinpflichtigen Diabetiker betroffen. Aber auch bei Patienten mit einer insulinunabhängigen Zukkerkrankheit, die erst nach dem 40. Lebensjahr auftritt, kann es zu einer Nierenschädigung kommen. Heute stellt diese Patientengruppe in Deutschland bereits 40 % aller dialysepflichtigen Personen dar.

  Durch neue Insuline und neue Erkenntnisse in der diätetischen Führung (Blutzuckerselbstmessung) läßt sich eine bessere Stoffwechseleinstellung erreichen. Damit kann das Fortschreiten einer Nierenerkrankung verzögert und somit der Beginn der Dialysebehandlung hinausgeschoben werden. Vielleicht kann die Entwicklung eines chronischen Nierenversagens bei Diabetikern sogar durch eine frühzeitig begonnene gute Einstellung des Blutzuckers verhindert werden. Aber das Auftreten der diabetischen Nephropathie ist nicht allein eine Folge der diabetischen Stoffwechsellage. Bluthochdruck, Fettleibigkeit, Erhöhung von bestimmten Fetten im Blut und Rauchen spielen eine große Rolle. Demzufolge sollte der Patient versuchen, durch Reduktionsdiät, Behandlung des Bluthochdrucks und strikten Verzicht auf das Rauchen diese Risikofaktoren auszuschalten.

- Schließlich sollten Patienten mit **Bluthochdruck** diese Erkrankung ernst nehmen und durch konsequente diätetische Maßnahmen und kontrollierte Medikamenteneinnahme normale Blutdruckwerte anstreben. Statistiken zeigen, daß sich Komplikationen wie Schlaganfall und Herzinfarkt dadurch deutlich senken lassen und sich die Zerstörung des Nierengewebes vermeiden läßt.

2.2 Symptome eines chronischen Nierenversagens

Viele Nierenerkrankungen verlaufen leider stumm und heimtükkisch, so daß nicht selten erst durch Laboruntersuchungen eine weit fortgeschrittene Nierenerkrankung festgestellt wird und der Patient erstaunt sagt: „An der Niere habe ich doch nie Schmerzen gehabt.“ Das ist auch heute noch eine typische Antwort in der Sprechstunde.

Folgende Symptome können Hinweise auf eine Nierenerkrankung sein:

- Schmerzen im Bereich der Nieren und ableitenden Harnwege (Harnleiter, Harnblase);
- Urinauffälligkeiten: blutig, übel riechend, schäumend, veränderte Urinausscheidung (große Menge, rascher Rückgang oder fehlende Ausscheidung);
- Gewichtsanstieg infolge Wassereinlagerungen im Gewebe (Ödeme) wegen zurückgehender oder fehlender Urinausscheidung;
- hoher Blutdruck;
- schlechtes Allgemeinbefinden, Schwäche, Appetitlosigkeit.

Die in Tabelle 1 aufgeführten Erkrankungen führen häufig zu einer chronischen, langsam fortschreitenden Zerstörung von Nierengewebe. Die Anzahl der funktionstüchtigen Nephrone verringert sich allmählich von 2–3 Millionen auf 100.000, und es entsteht funktionsloses Gewebe. Die wenigen funktionstüchtigen Nephrone haben eine größere Arbeit zu leisten. Diese Mehrbeanspruchung äußert sich zum einen in einer Änderung des Rhythmus der Harnausscheidung (häufiges Wasserlassen nachts) und in der Unfähigkeit, eine Reihe mit der Nahrung aufgenommener Substanzen ausreichend auszuscheiden (z. B. Kalium oder Phosphat). Zum anderen zerstören sich die wenigen funktionstüchtigen Nephrone durch diese Mehrbelastung selbst. Damit „unterhält" sich der Prozeß der Selbstzerstörung der Niere, bis schließlich nur noch 2–2,5 % der ursprünglichen Nephrone intakt sind; ein Zustand, der zur Anhäufung von Harnbestandteilen im Blut führt (Azotämie).

Der fortschreitende Prozeß der Nierenzerstörung hat zur Folge:

- eine **Verkleinerung der Nieren**, die der Arzt im Ultraschallbild erkennen kann („Schrumpfniere"); außer: Zystennieren, Diabetes mellitus;
- eine **Verminderung der Ausscheidungsfunktion und Drüsenfunktion** der Nieren entsprechend der im Kapitel 1.2.aufgeführten Aufgaben. Diese Situation ist durch veränderte Laborwerte im Blut zu erkennen (die Normalwerte sind in Klammern angegeben, die Pfeile zeigen die Veränderungen beim chronischen Nierenversagen an).

  Gestörte Ausscheidungsfunktion führt im Blut zum:
  - Anstieg der „harnpflichtigen" Substanzen (Schlackenstoffe)
    Harnstoff (3,5–5,8 mmol/l) ↑
    Kreatinin (< 106 μmol/l) ↑
    Harnsäure (< 416 μmol/l) ↑
  - Anstieg von Phosphat, Wasserstoffionen und Kalium,
    Phosphor (0,8–1,8 mmol/l) ↑
    Kalium (3,6–5,4 mmol/l) anfangs ↓ später ↑

  Gestörte Drüsenfunktion führt zu:
  - Störung des Kalzium-Phosphathaushaltes durch mangelnde Bildung von Vitamin-D-Hormonen in den geschädigten Nieren,
  - Blutarmut (Anämie), u. a. durch Mangel an Erythropoietin
    Hämoglobin (7,4–10 mmol/l) ↓
    Hämatokrit (37–52 %) ↓;
- einen mit einer inneren Vergiftung vergleichbaren Zustand mit möglichen Gesundheitsstörungen, die in unterschiedlicher Häufigkeit folgende Symptome zeigen:

- Magen-Darm-Trakt: Appetitlosigkeit, Übelkeit, Erbrechen; **Oft sind es diese Symptome, die den Patienten unter der Verdachtsdiagnose Magenschleimhautentzündung oder Magengeschwür zum Arzt führen.**
- Zentrales Nervensystem (Gehirn): Müdigkeit, Gedächtnisschwäche, Verwirrtheitszustände, Bewußtseinstrübungen, Krampfanfälle;
- Peripheres Nervensystem: Empfindungsstörungen und Krämpfe, vorwiegend in den Beinen;
- Muskulatur: Muskelschwund;
- Gelenke und Knochen: Knochenschmerzen, Knochenbrüche, Weichteilverkalkungen;
- Blut: Anämie, Gerinnungsstörungen;
- Herz- und Kreislauf: Herzbeutelentzündung, Herzmuskelerkrankung, Bluthochdruck;
- Haut: Juckreiz, gestörte Wundheilung;
- Lunge: Luftnot durch Wasseransammlung in der Lunge;
- Innere Drüsen: gestörte Hormonbildung- und Hormonausscheidung; Folgen: Ausbleiben der Periode, Unfruchtbarkeit, Nachlassen des sexuellen Bedürfnisses und der Potenz;
- Störungen des Abwehrsystems (Immunsystems);
- Störungen des Kohlehydratstoffwechsels, des Fett- und des Eiweißstoffwechsels.

Die wichtigsten Leitsymptome sind: **Müdigkeit, Abgeschlagenheit, Kraftlosigkeit.**

Aus dieser Schilderung ist unschwer zu erkennen, daß im Endstadium einer Nierenerkrankung bei komplettem Untergang von funktionstüchtigem Nierengewebe für den Patienten nicht die „typischen Nierenbeschwerden“ im Vordergrund stehen (Rückenschmerzen, Brennen beim Wasserlassen, Nierenkoliken usw.).

Die Anhäufung von Giftstoffen im Blut führt also zur **Funktionsstörung nahezu aller Organe** und Gewebe im Organismus, die als Urämie bezeichnet wird. Diese Störungen führen unbehandelt zum Tode.

Mit verschiedenen Verfahren lassen sich heute die Funktionen der Nieren weitgehend ersetzen (Hämodialyse, Bauchfelldialyse, Nierentransplantation, s. Kap. 3).

Die beste Methode der Nierenersatztherapie ist die Nierentransplantation. Aber auch ohne diese Behandlungsform, die nicht für jeden Patienten geeignet ist, ist ein langjähriges Überleben möglich.

2.3 Therapie des chronischen Nierenversagens

Bei Kreatininwerten im Blut bis ca. 300 μmol/l sind die Patienten meistens beschwerdefrei. Bei fortschreitendem Untergang von funktionstüchtigem Nierengewebe scheidet der Körper stellvertretend für die Nieren die zu entfernenden Giftstoffe über verschiedene Schleimhäute aus (Magen-Darm-Trakt, Bauchfell, Rippenfell, Herzbeutel, Gehirnhäute). Daraus ergeben sich oben genannte Gesundheitsstörungen bei einem chronischen Nierenversagen. Nahezu alle Organe des menschlichen Körpers können betroffen sein. Andere Patienten bleiben bis zu Kreatininwerten von 800–1000 μmol/l ohne Beschwerden. Die Erkennung dieses Stadiums ist besonders wichtig, um mit verschiedenen diätetischen und medikamentösen Maßnahmen das Fortschreiten eines chronischen Nierenversagens zu verlangsamen.

Die Maßnahmen stützen sich auf zwei Grundprinzipien:

1. Behandlung der Grunderkrankung: Es ist in diesem Stadium wesentlich, daß Hausarzt, Nierenspezialist (Nephrologe) und weitere Fachkollegen eng zusammenarbeiten.

   Die Erfahrungen der letzten Jahre belegen zweifellos, daß es sich auch bei bereits erhöhten Kreatininwerten lohnt, den „Krankheitsherd" zu behandeln. Einige Beispiele sollen genannt werden:

   - Entfernung von Nieren- oder Harnleitersteinen, Beseitigung eines Urinabflußhindernisses;
   - gezielte Behandlung einer immer wiederkehrenden Nierengewebsentzündung (Glomerulonephritis) nach vorheriger Entnahme einer Gewebeprobe aus einer Niere (Biopsie);
   - gezielte Behandlung einer Entzündung der Harnwege (Pyelonephritis);

– optimale Blutzuckereinstellung beim Diabetiker;
– Beseitigung einer Einengung der Nierenarterie (Nierenarterienstenose) zur Behandlung eines hohen Blutdrucks (Hypertonie);
– striktes Verbot der unkontrollierten Einnahme von Schmerzmitteln.

Diese Aufzählung erhebt keinen Anspruch auf Vollständigkeit, sondern soll beispielgebend verdeutlichen, wie wichtig es ist, auslösende Ursachen einer Nierenerkrankung zu erkennen und, wenn möglich, zu beseitigen.

2. Maßnahmen, mit denen man das Fortschreiten einer chronischen Nierenerkrankung und damit den Funktionsverlust der Nieren verlangsamen kann:

   - Eiweißarme Kost: Der Gesunde nimmt täglich 1 bis 1,4 g Eiweiß pro Kilogramm Körpergewicht (nachfolgend abgekürzt als g/kg KG) zu sich. Die genannten „harnpflichtigen" Substanzen (Harnstoff, Kreatinin, Harnsäure) sind vorwiegend Abbauprodukte des Eiweißstoffwechsels. Damit wird verständlich, warum bei eingeschränkter Nierenfunktion die Eiweißzufuhr zu reduzieren ist. Um bei zu starker Einschränkung der Eiweißzufuhr (wenn nicht gleichzeitig genügend Kalorien zugeführt werden) einen Abbau von körpereigenem Eiweiß zu verhindern (Abnahme der Muskelmasse), werden heute 0,6 g–0,8 g Eiweiß/kg KG täglich ab ca. 250–300 µmol/l Kreatinin bis zum Beginn der Dialysebehandlung empfohlen.

     Neben der genannten Eiweißbeschränkung werden spezielle Diäten eingesetzt (Schwedendiät, Kartoffel-Ei-Diät). Der gezielte Kontakt mit einer Diätberatungsstelle ist in jedem Falle zu empfehlen.

   - Salz- und Wasserzufuhr: Die Fähigkeit der Nieren, die Natriumausscheidung der Aufnahme von Natrium (enthalten im Kochsalz) anzupassen, ist von Mensch zu Mensch verschieden und auch abhängig von der Funktionsfähigkeit der Niere. Die Menge des im Organismus gebundenen und für den Blutdruck wichtigen Wassers hängt von der Kochsalz

(NaCI)-Zufuhr ab. Man weiß heute, daß der übermäßig hohe Kochsalzverbrauch auch beim Nierengesunden ein Auslöser für hohen Blutdruck sein kann. So werden deshalb auf dem Markt anstelle von Kochsalz kaliumhaltige Ersatzsalze (z. B. Siena-Salz, Ambi-Salz, Nestle-alevita, Diät-Gewürzsalz) angeboten. Diese können allerdings für den Nierenkranken wegen des hohen Kaliumgehaltes gefährlich werden.

Heute gilt, daß eine allgemeine Beschränkung der Kochsalzzufuhr bei nierenkranken Patienten nicht erforderlich ist. Sie ist jedoch dann notwendig, wenn es zu Wasseransammlung in den Beinen oder den Augenlidern (Ödemen), Bluthochdruck (Hypertonie) und Gewichtszunahme kommt. Die Kochsalzzufuhr sollte dann 5 g NaCI pro Tag nicht überschreiten.

Bei den meisten Nierenerkrankungen besteht bis zum Dialysestadium eine ausreichende Urinausscheidung zwischen 2 und 3 Litern pro Tag. Dies ist auch etwa die Flüssigkeitsmenge, die der Nierenkranke mit erhaltener Urinausscheidung (Diurese) täglich zuführen sollte. Eine tägliche Flüssigkeitszufuhr über 3 Liter pro Tag verbessert nicht die Nierenfunktion – im Gegenteil, sie ist für Patienten mit Herzkreislauferkrankungen sogar gefährlich.

- Behandlung der Übersäuerung des Organismus (metabolische Azidose): Die Unfähigkeit der erkrankten Niere, die im Stoffwechsel anfallenden Wasserstoffionen auszuscheiden, führt zu einer ausgeprägten Übersäuerung des Körpers. Mögliche Folgen sind: Kalziumfreisetzung aus den Knochen (Knochenschmerzen, Knochenbrüche); Magen-Darm-Beschwerden (Appetitlosigkeit, Übelkeit, Erbrechen); erhöhte Kaliumwerte im Blut; „Kurzatmigkeit", bedingt durch das Bemühen des Organismus, über die Lungenfunktionssteigerung (Erhöhung der Atemhäufigkeit und der Atemtiefe) diese Übersäuerung auszugleichen.

Die Behandlung besteht auch in einer eiweißarmen Kost (je eiweißarmer die Kost, um so weniger Säuren werden dem Körper zugeführt) und in der Verabreichung von Bikarbonat in Tabletten- oder Pulverform.

- Senkung der Phosphatkonzentration im Blut: Als Folge der gestörten Phosphatausscheidung durch die kranken Nieren kommt es zum Anstieg der Phosphatkonzentration zunächst in den Zellen des Körpers, später auch im Serum des Blutes. In Kombination mit niedrigen Kalziumwerten im Blut führt diese Situation zur ständigen Stimulation der Nebenschilddrüse mit einer Mehrausscheidung von Parathormon. Im fortgeschrittenen Stadium des Nierenversagens führt diese Überfunktion der Nebenschilddrüsen (oft in Kombination mit einer Vitamin-D-Therapie) zu erhöhten Kalziumwerten. Die Folge ist eine zunehmende Verkalkung in den Gefäßen, den Weichteilen, in der Umgebung der Gelenke und in verschiedenen inneren Organen, insbesondere an den Herzklappen.

  Deshalb ist es wichtig, schon frühzeitig auf eine Senkung des Phosphatspiegels im Blutserum zu achten. Dies ist möglich durch eine eiweißarme Kost, da alle eiweißhaltigen Nahrungsmittel auch phosphatreich sind. Außerdem kann durch den Einsatz von Medikamenten, die das Phosphat der Nahrung im Darm binden, der Phosphatspiegel im Blutserum gesenkt werden.

- Konsequente Normalisierung des Blutdrucks: Über die Hälfte der Patienten mit einem chronischen Nierenversagen haben einen Bluthochdruck. Es ist bekannt, daß bei höheren Blutdruckwerten die Verschlechterung der Nierenfunktion schneller vor sich geht. Daraus leitet sich die Notwendigkeit einer konsequenten Normalisierung des Blutdruckes ab.

  - Nichtmedikamentöse Therapiemöglichkeiten des Bluthochdrucks (Hypertonie): Die Hypertoniebehandlung beginnt mit Information und Aufklärung des Patienten über den Risikofaktor Bluthochdruck. Die nachfolgend aufgeführten Maßnahmen sind nicht generell für alle Hochdruckkranken zutreffend, sondern müssen im Einzelfall gezielt ausgewählt werden: Reduktion des Körpergewichtes bei Übergewicht; Ausschaltung weiterer Risikofaktoren (Rauchen, zu hohe Blutfettwerte, Gicht); Reduktion der Kochsalzzufuhr auf ca. 5 g pro Tag; Einschränkung des Alkoholkonsums; „Gesunde Lebensweise“ (viel Bewegung und ausreichend Schlaf).

- Medikamentöse Therapie: Die Auswahl des oder der blutdrucksenkenden Medikamente trifft der Arzt für jeden Patienten entsprechend seiner Grunderkrankung und den Begleiterkrankungen. Ein Blutdruck ist erst dann gut eingestellt, wenn Werte unter 140/90 mmHg erreicht sind.

  Die häufigsten Ursachen einer unzureichenden Blutdruckeinstellung sind das Nichtbefolgen der o. g. Maßnahmen sowie unregelmäßige Medikamenteneinnahme.

  Die Aufklärung des Patienten über die möglichen Nebenwirkungen der verordneten Medikamente ist ganz entscheidend. Bei auftretenden Symptomen sollte immer das Gespräch mit dem behandelnden Arzt gesucht werden.

2.4 Vorbereitung des Patienten zur Dialysebehandlung, Auswahl des Dialyseverfahrens

Der genannte Komplex von Behandlungsmaßnahmen kann keine Heilung der Nierenerkrankung herbeiführen, aber den Dialysebeginn hinauszögern. Die Frage, wann mit der Dialysebehandlung begonnen werden sollte, kann anhand von Laborwerten und klinischen Befunden beurteilt werden. Konstant hohe Harnstoffwerte über 30 mmol/l, konstant hohe Kaliumwerte über 6 mmol/l, ein medikamentös nicht zu beeinflussender hoher Blutdruck, Zeichen der Überwässerung mit Atemnot und Wasseransammlung in den Beinen sind für den Arzt die entscheidenden Kriterien für den Dialysebeginn. Der Übergang von der medikamentösen diätetischen Behandlung des chronischen Nierenversagens zur Dialysebehandlung kann unter ambulanten Bedingungen in einem Dialysezentrum geschehen. Mit einem rechtzeitigen Dialysebeginn lassen sich Komplikationen durch die Vergiftung des Körpers und damit eine oft wochenlange Krankenhausbehandlung vermeiden.

Bei Kreatininwerten zwischen 600 und 800 μmol/l (bei Diabetikern bereits 500 μmol/l) sind für den Patienten zwei Dinge wichtig:

- Die Auswahl des Blutreinigungsverfahrens:
  - Die bekannteste Form ist die seit den 60er Jahren angewandte **Hämodialyse** (Zentrumsdialyse, Heimdialyse).
  - Seit 1977 hat sich die **Bauchfelldialyse** (Peritonealdialyse) als Alternative zur Hämodialyse weltweit etabliert.

  Drei wichtige physikalische Phänomene **(Diffusion, Osmose, Filtration)** sind bei beiden Verfahren die Grundlage der Blutreinigung. Bei der Hämodialyse besteht eine künstliche Grenzschicht (Dialysemembran) außerhalb des Körpers an der die o. g. physikalischen Gesetze wirken. Bei der Bauchfelldialyse dient das Bauchfell (Peritoneum) als Dialysemembran. Beide Behandlungsverfahren sollten dem Patienten angeboten und die Vor- und Nachteile entsprechend der individuellen Situation mit ihm erörtert werden. Damit wird der Betroffene schon vor Behandlungsbeginn mit dem jeweiligen Verfahren, seinen Vorzügen und Komplikationsmöglichkeiten vertraut gemacht. Die notwendigen Vorbereitungen werden eingeleitet, im Falle der Hämodialyse die Anlage einer Dialysefistel, im Falle der Bauchfelldialyse das Einsetzen eines Bauchfellkatheters.

  Zweifellos ist die beste Lösung bei Versagen der Nieren die **Nierentransplantation.** Die Wartezeit bis zur Transplantation einer geeigneten Spenderniere muß mit einem der beiden o. g. Verfahren überbrückt werden. Diese Wartezeit kann jedoch unterschiedlich lang sein. Sie kann Wochen, Monate oder meist sogar Jahre betragen. Aber nicht alle Patienten sind für eine derartige Operation und die sich auf alle Fälle anschließende medikamentöse Dauerbehandlung geeignet. Für diese Patienten bieten die Dialyseverfahren mit zunehmenden technischen Verbesserungen eine akzeptable Alternative

- Konsequente Aufklärung des Patienten über Anzeichen einer drohenden Verschlechterung der Nierenerkrankung: Der Patient muß wissen, daß eine Minderung der körperlichen Leistungsfähigkeit, beginnende Luftnot, Appetitlosigkeit, Übelkeit sowie morgendliches Erbrechen und Wassereinlagerungen (Zeichen dafür sind Gewichtszunahme, Anschwellen der Beine und des Gesichtes) sofort dem Arzt mitzuteilen ist, um rechtzeitig mit der Dialysebehandlung zu beginnen.

Es ist sicher nicht zum Vorteil, den Dialysebeginn hinauszuschieben, wenn auch von Seiten des Patienten die Tendenz dazu vorhanden ist. Vor allem ist der Zeitpunkt des Behandlungsbeginns mit einem Blutreinigungsverfahren unabhängig von einer scheinbar noch guten Urinausscheidung.

3 Behandlungsmöglichkeiten des chronischen Nierenversagens

Zur Behandlung des chronischen Nierenversagens stehen 3 verschiedene Möglichkeiten zur Verfügung:

- Hämodialyse,
- Bauchfelldialyse,
- Nierentransplantation.

Patienten mit chronischem Nierenversagen können sich prinzipiell zwischen Hämodialyse und Bauchfelldialyse entscheiden. Die Transplantation von chronisch Nierenkranken ohne vorherige Dialysebehandlung wäre wünschenswert, ist aber wegen des immer noch bestehenden Mangels an Spenderorganen in Deutschland relativ selten.

3.1 Blutreinigungsverfahren

Bei der Hämodialyse findet die Blutreinigung außerhalb des Körpers, bei der Bauchfelldialyse innerhalb des Körpers statt. Beide Verfahren haben zwei Aufgaben zu erfüllen:

- die Entfernung von im Blut gelösten Schlackenstoffen (Dialyse),
- die Entfernung von Flüssigkeit (Ultrafiltration).

3.1.1 Hämodialyse (HD)

Die bei Patienten mit chronischem Nierenversagen lebensnotwendige Blutreinigung findet in der heute bekannten Form erst seit den 60er Jahren Anwendung. Hierzu wird das mit Schlackenstoffen angereicherte Blut mit zum Teil überhöhtem Mineralstoffgehalt (Kalium, Phosphat) aus dem Körper des Nierenkranken in die sogenannte „Künstliche Niere“ geführt. Das Kernstück der „Künstlichen Niere“ ist ein Filter zur Blutreinigung, der sogenannte Dialysator (Abb. 2). Das Blut wird zum Dialysator geführt, dort von

Schlacken gereinigt und in die Vene zurückgeleitet. Ein ausreichendes Blutangebot wird durch eine Fistel (Kurzschlußverbindung zwischen Arterie und Vene, in der Regel am Unterarm) gewährleistet. Außerhalb des Körpers wird in den Kreislauf eine Pumpe eingeschaltet, die für einen ausreichenden Blutstrom sorgt.

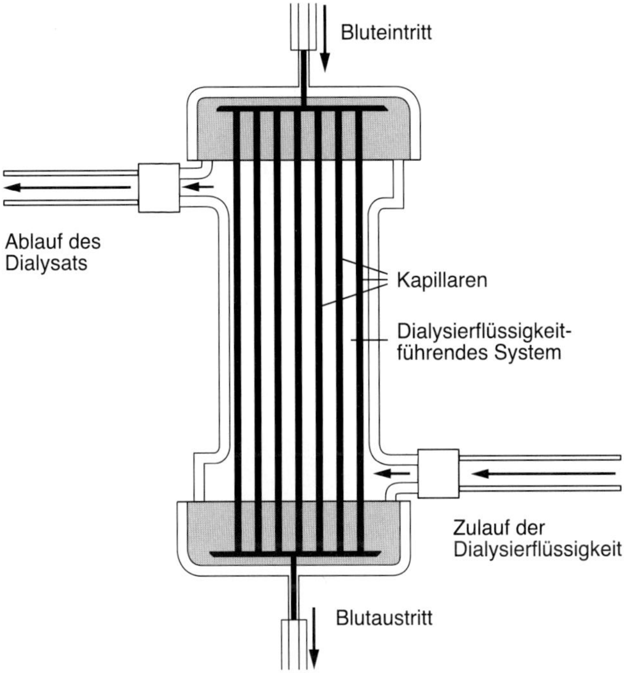

Abb. 2: Schema eines Dialysators

Was bedeutet Hämodialyse?

Beim ersten Kontakt mit der „Künstlichen Niere" fällt eine relativ große Maschine auf mit einer Vielzahl blutführender Schläuche.

Die **Dialysemaschine** überwacht lediglich das blutführende System und das dialysierflüssigkeitführende System hinsichtlich der Druckverhältnisse, der Temperatur und der Leitfähigkeit.

Die eigentliche Entgiftung findet im **Dialysator** statt. In den heute verwendeten Dialysatoren ist die Membran entweder faserförmig aus mehreren tausend gebündelten Kapillaren (Kapillardialysator) oder schichtförmig (Plattendialysator) angeordnet. Die Dialysemembran besteht aus Zellulose (Cellophan- oder Cuprophanmaterial), heute zunehmend auch aus synthetischem Material und trennt das Blut von der Dialysierflüssigkeit. Vereinfacht kann man sagen, daß das giftbeladene Blut des Patienten, durch eine Membran getrennt, von der Dialysierflüssigkeit umströmt wird. Die Dialysemembran enthält viele, mit bloßem Auge nicht sichtbare Poren, die so groß sind, daß kleine Partikel, wie Harnstoff, Kreatinin, Mineralien (Natrium, Kalium, Kalzium, Phosphat) von einer Seite zur anderen gelangen können. Die obere Grenze der Durch-

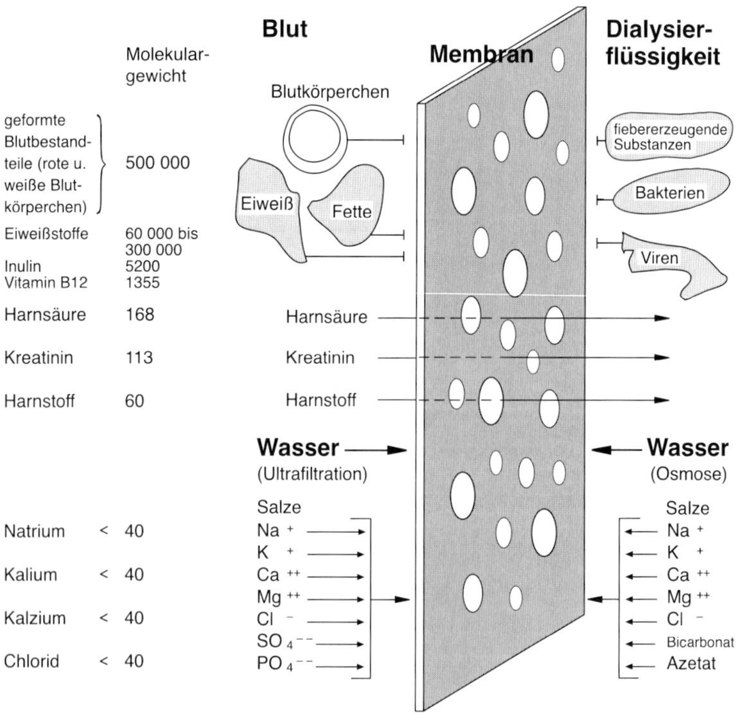

Abb. 3: Schema einer Dialysemembran

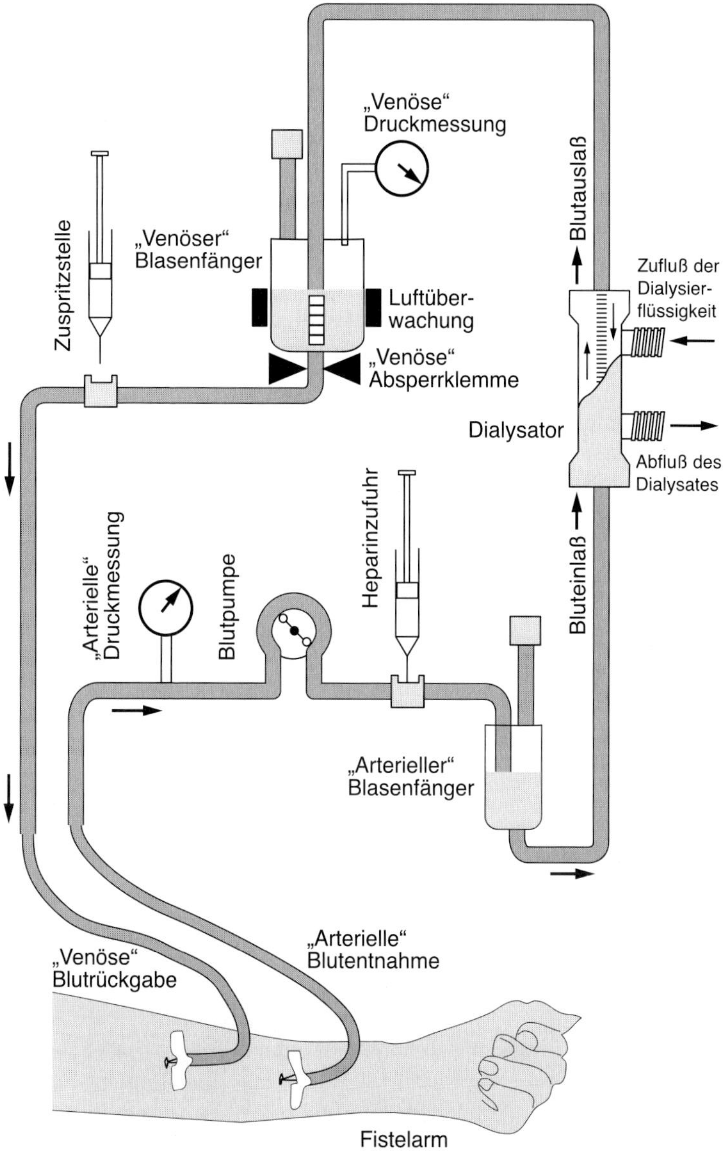

Abb. 4: Blutflußschema bei der Hämodialyse

lässigkeit liegt bei den üblichen Dialysatoren in der Größenordnung von Vitamin B_{12} (Molekulargewicht 1355). High-flux-Dialysatoren aus synthetischem Material sind auch für höhermolekulare Substanzen (Molekulargewicht 15000–20000) durchlässig. Größere Substanzen dagegen, wie Bluteiweiße, rote und weiße Blutkörperchen, aber auch Krankheitserreger können die Membranporen nicht passieren (Abb. 3). Man muß sich die Dialysemembran als ein schwammartiges Gebilde vorstellen, durch das die kleinen Partikel direkt passieren können, die größeren aber den Durchlaß auf Umwegen suchen müssen. Der ideale Dialysator hat eine große Austauschfläche, ein kleines Gehäuse sowie eine gute Entgiftungsleistung (Clearance). Der Austausch möglichst vieler Giftstoffe soll in kurzer Zeit erfolgen.

Auf der anderen Seite der Membran fließt eine wässrige Lösung, die **Dialysierflüssigkeit.** Durch deren Zusammensetzung ist es einerseits möglich, extreme Mineralverluste für den Organismus zu vermeiden (z. B. Zugabe von Kalium oder Natrium), andererseits aber auch gefährliche Anhäufungen zu entfernen. Das „Flußschema" bei der Hämodialyse geht aus Abbildung 4 hervor.

Dialyse bezeichnet also ein physikalisches Verfahren zur Abtrennung gelöster Teilchen aus dem Blut mittels einer halbdurchlässigen Membran.

Am Stofftransport durch die Membran sind drei komplizierte Mechanismen beteiligt, die hier nur stichpunktartig erwähnt werden sollen.

- **Diffusion = Entgiftung durch Konzentrationsausgleich** (Abb. 5a): Stofftransporte durch eine halbdurchlässige Membran von

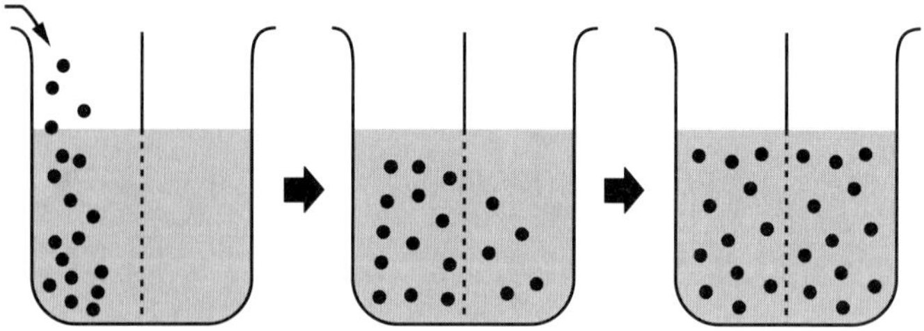

Abb. 5a: Prinzip der Diffusion

einem Ort hoher zu einem Ort niedriger Konzentration bis zum Ausgleich, d. h. Wanderung von Stoffen von der Blutseite durch eine Membran in die Dialysierflüssigkeit.

- **Osmose = Wasserentzug durch Ultrafiltration – bei Bauchfelldialyse besonders wichtig** – (Abb. 5b): Hindurchtreten von Flüssigkeit durch eine halbdurchlässige Membran, die einen gelösten Stoff in unterschiedlicher Konzentration trennt, wobei dieser gelöste Stoff die Membran selbst nicht durchdringen kann.

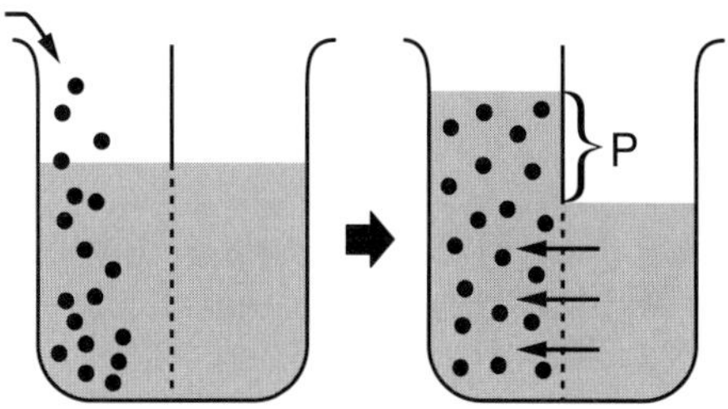

Abb. 5b: Prinzip der Osmose

- **Ultrafiltration = Wasserentzug durch Druckerhöhung auf der Blutseite oder Sog auf der Dialysatseite** (Abb. 5c): Übertritt bzw. Transport von Flüssigkeit von einer Membranseite zur anderen. Dafür ist ein Druckunterschied erforderlich.

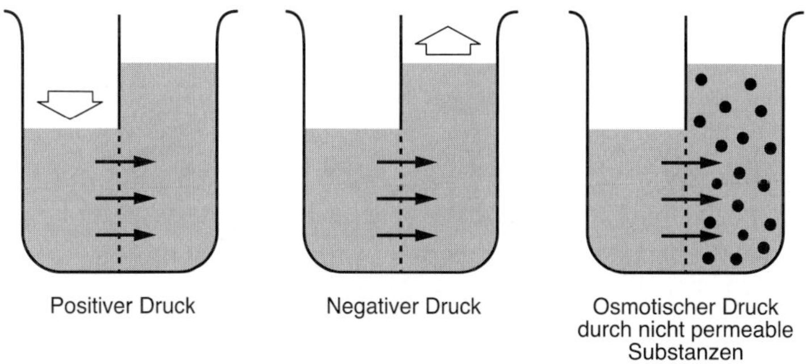

Abb. 5c: Prinzip der Ultrafiltration

- **Konvektion** (Abb. 5d): Die Bewegung von Stoffen mit einem Wasserstrom z. B. gleichzeitige Mitnahme von Stoffen durch Ultrafiltration.

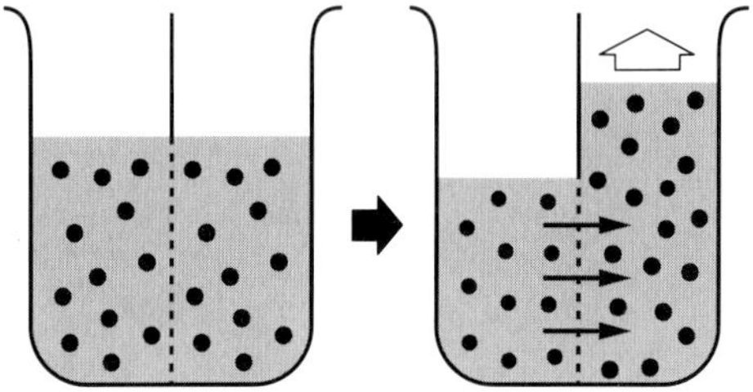

Abb. 5d: Prinzip der Konvektion

Die beschriebenen Vorgänge finden im Dialysator statt und sind in gewissen Grenzen durch die Wahl des Dialysators und durch Veränderung von technischen Kenngrößen an der Dialysemaschine beeinflußbar.

So wird z. B. der Entzug von Flüssigkeit aus dem Blut durch Überdruck auf der Blutseite und Unterdruck auf der Wasserseite erreicht.

Die Leistung eines Dialysators wird durch die Messung des Transportes verschiedener Substanzen (Clearance der Substanz) und der Ultrafiltration erfaßt. Sie ist abhängig von der Art der Membran, ihrer Gesamtoberfläche im Dialysator und einer Reihe von anderen Faktoren, auf die in diesem Rahmen nicht näher eingegangen werden soll. Der Blutfluß bei der Dialyse wird durch die Menge, die die punktierte Vene der Fistel in der Zeiteinheit zur Verfügung stellen kann, begrenzt und liegt optimal bei 250 bis 300 ml/min. Ein höherer Fluß der Dialysierflüssigkeit als 500 ml/min ist von geringer Bedeutung für die Leistungsfähigkeit eines Dialysators.

Bei einer 5stündigen Dialyse passieren etwa 75 Liter Blut und etwa 150 Liter Dialysierflüssigkeit den Dialysator. Hieraus läßt sich errechnen, daß das Blutvolumen des Patienten während einer Behandlung etwa 15mal den Dialysator durchströmt. Pro Jahr fließen etwa 23.000 Liter Dialysierflüssigkeit am Blut des Patienten vorbei. Aus diesen Zahlen wird die Bedeutung der Qualitätsanforderung an die Wasseraufbereitung in Dialyseeinrichtungen deutlich (s. Kap. 4.3).

Die Leistungsfähigkeit eines Dialysators ist letztlich kein absoluter Meßwert. Entscheidend sind die Sicherheit, mit der man dialysiert und das körperliche Wohlbefinden des Patienten.

Bisher galt die Entfernung niedermolekularer Schlackenstoffe, vor allem Harnstoff und Kreatinin, als Maß der Leistung eines Dialysators. Erst nach Jahren einer lebenserhaltenden, erfolgreichen Behandlung mit der künstlichen Niere wurde erkannt, daß mit den niedermolekularen Substanzen nur ein Teil der Gifte entfernt wird. Auch Substanzen mit einem größeren Molekulargewicht sammeln sich im Körper an, die aber nicht mit den üblichen Zellulosemembranen beseitigt werden können. Die Technik reagierte auf diese Forderung mit der Entwicklung mehr durchlässiger synthetischer Dialysemembranen. Diese synthetischen Membranen sind die Grundlage für die Anwendung alternativer Blutreinigungsverfahren, wie **Hämofiltration** und **Hämodiafiltration.** Die Eigenschaft der Membran bestimmt also im wesentlichen die Art des Blutreinigungsverfahrens.

Trotz der heute zur Verfügung stehenden verbesserten Cuprophanmembranen und synthetischen Membranen sollte die Dialysezeit nicht unter 3 x 4 Std. pro Woche liegen. Eine gesunde Niere arbeitet schließlich 24 Stunden am Tag!

Bei den Dialyseverfahren werden nicht alle im Organismus angehäuften Giftstoffe vollständig entfernt. Gleichzeitig gehen dem Körper wichtige Substanzen (Hormone, Vitamine usw.), die im Größenordnungsbereich wie die Giftstoffe liegen, verloren. **Diese Verluste können bei Langzeitdialysepatienten zu sekundären Organschäden führen.**

3.1.2 Hämofiltration (HF)

Bei diesem Verfahren wird aus dem Blut Flüssigkeit (Filtrat) abgepreßt. Dazu sind eine stärker durchlässige synthetische Membran (sogenannte Hämofilter) und ein entsprechender Druckunterschied zwischen dem blutführenden System und dem filtratführenden System (Abb. 6a) erforderlich. Der Transport von Stoffen erfolgt hier nicht wie bei der Hämodialyse entsprechend eines Konzentrationsgefälles, sondern infolge eines Druckgefälles. Die Giftstoffe werden mit der abgepreßten Flüssigkeit (Konvektion) aus dem Körper entfernt. Die über das notwendige Maß hinaus abgepreßte

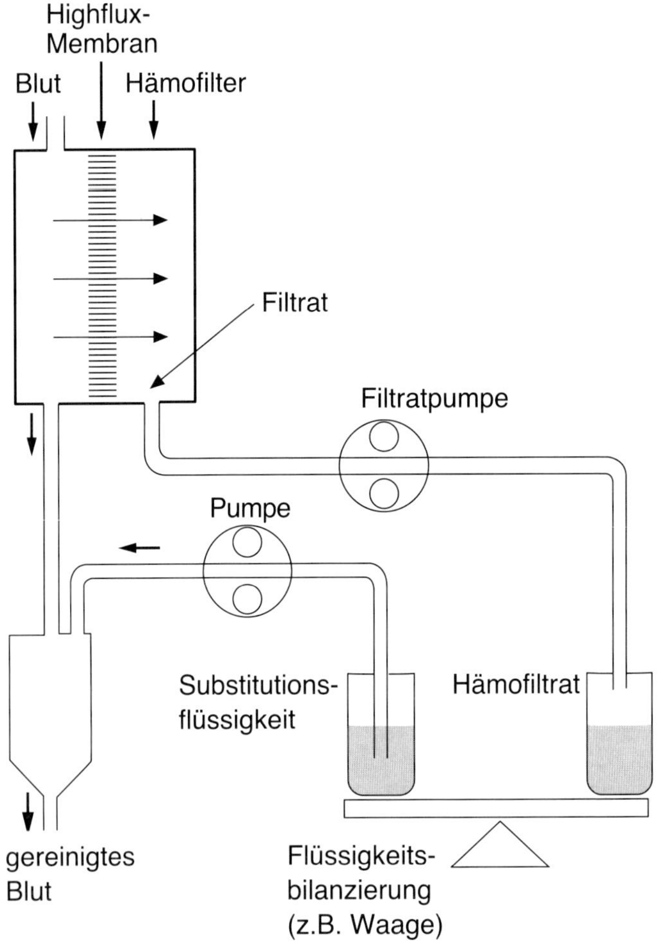

Abb. 6a: Schema der Hämofiltration

Flüssigkeitsmenge muß durch eine sterile Lösung (Substitutionslösung) ersetzt werden, die in ihrer Zusammensetzung ähnlich der Dialysierflüssigkeit ist. Die Austauschmenge pro Hämofiltrationsbehandlung soll etwa 1/3 des Körpergewichtes des Patienten betragen (d. h. bei 70 kg ca. 23 l).

Für die Entfernung höhermolekularer Substanzen ist die Hämofiltration besser geeignet als die Hämodialyse.

3.1.3 Hämodiafiltration (HDF)

Die Hämodiafiltration ist ein Verfahren, welches die Hämodialyse und die Hämofiltration kombiniert (Abb. 6b). Der theoretische Ansatzpunkt für die Kombination beider Verfahren ist die Tatsache, daß niedermolekulare Substanzen, wie Harnstoff und Kreatinin vorwiegend durch diffusiven Transport (s. Kap. 3.1.1) wie bei der Hämodialyse entfernt werden, während die größeren Moleküle überwiegend durch konvektiven Transport (s. Kap. 3.1.2) wie bei der Hämofiltration entfernt werden sollen. Bei der Hämodiafiltration (HDF) ist die Gesamtmenge der entfernten Giftstoffe höher als bei den Einzelverfahren. Sie ist jedoch nicht gleich der Summe der Einzelverfahren, da sich Konvektion und Diffusion nicht addieren, sondern parallel ablaufen und sich gegenseitig beeinflussen. Verwendet werden für die Hämodiafiltration die mehr durchlässigeren synthetischen Membranen (sogenannte „Highflux-Dialysatoren") mit einer höheren Ultrafiltrationsleistung. Wie bei der Hämofiltration wird bei der Hämodiafiltration das Ultrafiltrat durch eine sterile Lösung (Substitutionslösung) ersetzt, allerdings beträgt die Menge der Substitutionslösung in der Regel maximal nur 2 Liter pro Stunde.

Beide Verfahren – Hämofiltration und Hämodiafiltration – haben eine stabilisierende Wirkung auf den Blutdruck. Sie werden deshalb bei kreislaufinstabilen, älteren und durch eine Herzerkrankung vorbelasteten Personen angewandt.

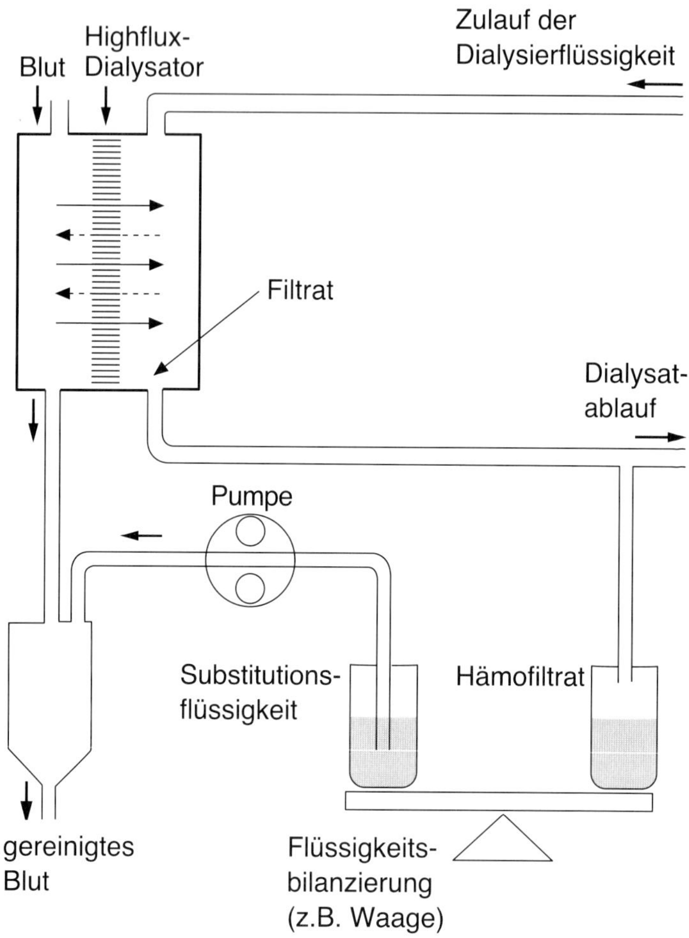

Abb. 6b: Schema der Hämodiafiltration

3.1.4 Bauchfelldialyse (Peritonealdialyse)

Im Gegensatz zur Hämodialyse, bei der eine künstliche Dialysemembran außerhalb des Körpers verwendet wird, dient bei der Bauchfelldialyse das Bauchfell (Peritoneum) als Dialysemembran.

Diese Art der Dialyse für die Behandlung des chronischen Nierenversagen wurde 1976 eingeführt. Ausgehend von den USA und Kanada hat sich diese Methode über sämtliche Kontinente ausgebreitet. In Deutschland werden gegenwärtig etwa 3.000 Patienten mit dieser Methode behandelt.

Prinzip der Bauchfelldialyse: Hier wird das Bauchfell (Peritoneum) als Filter zur Entfernung von Giftstoffen benutzt, d. h., das Blut wird mit Hilfe des eigenen Bauchfells gereinigt. Es ist eine dünne Haut mit einer Oberfläche von 1–2 m^2, die die Organe des inneren Bauchraumes überzieht.

Das Bauchfell ist sehr gut durchblutet und stellt damit eine hervorragende Austauschmembran dar. Über einen in die Bauchwand fest eingenähten Katheter wird die Dialysierflüssigkeit aus einem Beutel in die Bauchhöhle eingelassen. Diese Flüssigkeit umspült das Bauchfell. Durch den Austausch von gelösten Stoffwechselprodukten („harnpflichtige Substanzen“ oder auch Schlackenstoffe ge-

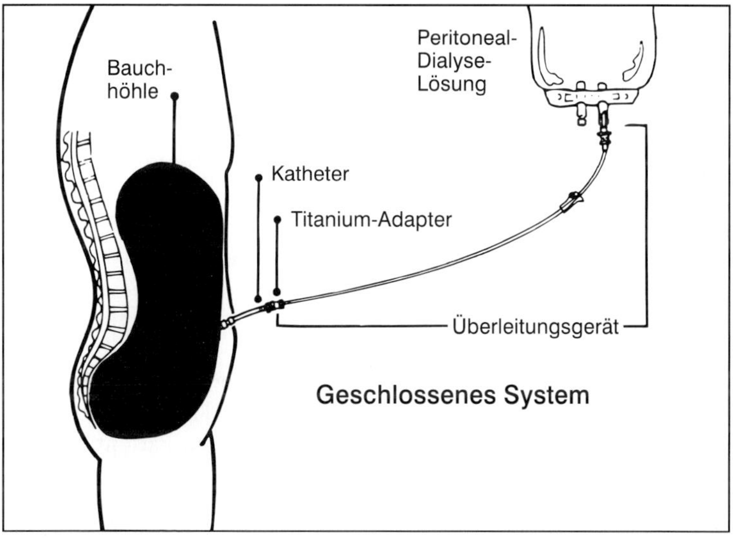

Abb. 7a: Schematische Darstellung der Peritonealdialyse

nannt) und Flüssigkeit zwischen den Blutgefäßen des Bauchfells und der Dialysierflüssigkeit werden Schlackenstoffe und Flüssigkeit entfernt. Die mit Schlackenstoffen angereicherte Flüssigkeit (Dialysat) wird nach einigen Stunden wieder durch den Katheter abgelassen und durch neue Dialysierflüssigkeit ersetzt. Das Einlaufen der Dialysierflüssigkeit und Auslaufen des Dialysates erfolgen mit Hilfe der Schwerkraft, indem einmal der Beutel zum Einlaufen angehoben bzw. zum Auslaufen abgesenkt wird. Abbildung 7a zeigt eine schematische Darstellung der Bauchfelldialyse.

Im Gegensatz zur nichtkontinuierlichen Entgiftung bei der Hämodialyse (d. h. intermittierend oder periodisch, 3 x 4–5 Std. pro Woche) erfolgt diese bei der Bauchfelldialyse langsam und stetig (kontinuierlich), eine Situation, die dem natürlichen Entgiftungsvorgang der Niere nahekommt.

In Abhängigkeit von Häufigkeit und Art der Durchführung des Flüssigkeitsaustausches gibt es verschiedene Bauchfelldialyseverfahren:

- kontinuierliche ambulante Peritonealdialyse (CAPD);
- intermittierende Peritonealdialyse (IPD);
- kontinuierliche zyklische Peritonealdialyse (CCPD).

Kontinuierliche ambulante Peritonealdialyse (CAPD)

Die CAPD ist die Abkürzung für „continuous ambulatory peritoneal dialysis“ und heißt wörtlich übersetzt: kontinuierliche ambulante Bauchfelldialyse. Die sterile Dialysierflüssigkeit, die über einen Katheter in den freien Bauchraum eingeführt wird, verbleibt in der Regel 6–8 Stunden in der Bauchhöhle und wird anschließend durch neue Dialysierflüssigkeit ersetzt, so daß sich ständig, also 24 Stunden am Tag (kontinuierlich), eine Flüssigkeit in der Bauchhöhle befindet. Dabei werden durch Diffusionsvorgänge „harnpflichtige Substanzen“ und durch Osmose überschüssiges Wasser aus dem Körper entfernt. Die gesamte Therapie wird nach einer Trainingszeit von einigen Tagen durch den Patienten selbst durchgeführt. Dazu sind keine Maschinen erforderlich. Lediglich zur Desinfektion der Verbindungsstelle des Überleitungsstükkes können verschiedene kleine mobile Tischgeräte verwendet werden.

Für Patienten, die sich für die CAPD-Behandlung entschließen, bedeutet das eine weitgehende Unabhängigkeit von Maschinen und von einem Dialyseinstitut. Sie werden lediglich einmal im Monat durch einen Nierenspezialisten untersucht.

Die Bauchfelldialyse kann jedoch nicht bei jedem Patienten angewandt werden. Zunächst muß ärztlicherseits festgestellt werden, ob keine Gegenanzeigen (Kontraindikationen) für diese Behandlungsform bestehen. Eine wichtige Voraussetzung ist, daß der Patient zur Durchführung einer CAPD in der Lage ist, d. h. er muß über eine gewisse manuelle Geschicklichkeit verfügen. In der Fachliteratur ist mit Beispielen belegt, daß sich sogar blinde Diabetiker mit gutem Erfolg behandeln, ja sogar eine niedrigere Komplikationsrate als bei Nichtblinden beobachtet wurde, was sicherlich auf die besonders gute Schulung dieser Patientengruppe zurückzuführen ist. Schließlich müssen auch von Seiten der häuslichen Verhältnisse die Voraussetzungen erfüllt sein. Es wird eine Duschmöglichkeit gefordert und genügend Raum zum Lagern des notwendigen Materials.

Beutelwechsel: Die Anzahl der täglichen Beutelwechsel, in der Regel 3–5 am Tag, richtet sich nach der Restfunktion der Eigennieren des Patienten, der Menge anfallender Giftstoffe (abhängig von Größe, Gewicht, körperlicher Aktivität und Eßgewohnheiten des Betroffenen) sowie nach dem Beutelvolumen (0,5–3 l). In der Regel werden 4 Mal 2 l ausgetauscht.

Der Beutelwechsel umfaßt den Auslauf des Dialysates, das Umstecken der Schlauchverbindung vom alten Beutel zum neuen Beutel und den Einlauf der frischen Dialysierflüssigkeit. Vor dem Einlauf muß der Beutel auf Körpertemperatur erwärmt werden.

Ein kompletter Beutelwechsel dauert maximal 30 Minuten. Er wird vom Patienten selbst, auch wenn dieser blind, behindert oder älter ist, durchgeführt. Dies kann zu Hause, an der Arbeitsstelle, im Heim, im Hotel oder wo auch immer stattfinden und erfordert nur einige leicht erlernbare Handgriffe; technische Vorkenntnisse sind nicht erforderlich.

Allerdings verlangt diese Behandlungsform eine über das gewöhnliche Maß hinausgehende Sauberkeit und die Beherrschung der Grundprinzipien der absoluten Keimfreiheit (Sterilität).

Bei jedem Beutelwechsel ist zu beachten:

- Fenster und Türen schließen;
- Wollsachen, Krawatte und Schmuck entfernen;
- Hände und Unterarme gründlich mit Seife waschen und desinfizieren;
- Mundschutz anlegen, Nase und Mund bedecken.

Nur so kann das Risiko einer Infektion durch Krankheitserreger mit der Folge der Entwicklung einer Bauchfellentzündung (Peritonitis) gesenkt werden.

Flüssigkeitsbilanz: Bei der Bauchfelldialyse erfolgt der Flüssigkeitsentzug so, daß überschüssiges Wasser über die Bauchhöhle abgegeben wird. Das Prinzip dieser Regulierung ist die sogenannte Osmose. Die Dialysierflüssigkeit enthält als osmotisch aktive Substanz Traubenzucker (Glukose), der aufgrund seiner Konzentration (1,5–4,5 %) einen bestimmten „osmotischen Druck" ausübt. Auf diesem Wege wird Wasser vom Gewebe in die Bauchhöhle gezogen. Durch die Wahl der Glukosekonzentration kann der osmotische Druck verändert werden. So wird man bei einem Patienten mit

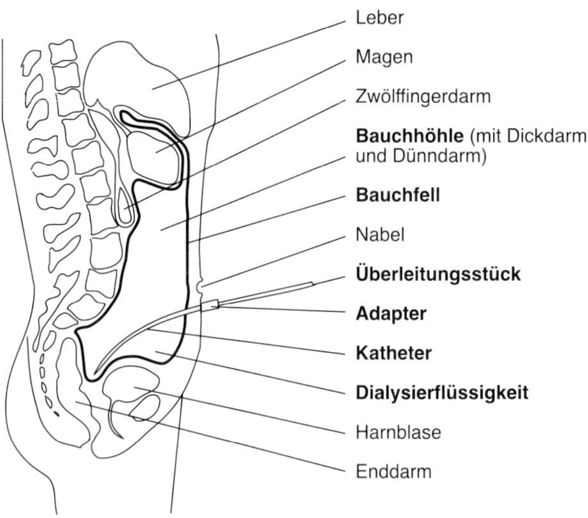

Abb. 7b: Lage des Peritonealkatheters

minimaler Urinausscheidung und Neigung zur Wassereinlagerung Dialysatbeutel mit höherer Glukosekonzentration verwenden.

CAPD-Katheter: Der speziell entwickelte Dialysekatheter besteht aus einem biegsamen Kunststoffmaterial und hat einen Durchmesser von ca. 5 mm. Er wird in einer Operation von ca. 30 Min. Dauer in Vollnarkose in die Bauchhöhle eingelegt. Ein stationärer Aufenthalt von 1 bis 2 Wochen ist erforderlich. Die Eintrittsstelle des Katheters in die Bauchhöhle liegt in der Nähe des Nabels, der Katheter verläuft dann mehrere Zentimeter innerhalb der Bauchdecke nach unten, um dann in die Bauchhöhle einzumünden (s. Abb. 7b). Die Spitze des Katheters, die mehrere seitliche Öffnungen hat, soll im Unterbauch zwischen Harnblase und Mastdarm an der tiefsten Stelle der Bauchhöhle liegen. Nur so kann das Dialysat restlos ablaufen.

Intermittierende Peritonealdialyse (IPD)

Bei der IPD erfolgt die Dialysedurchführung mit Unterbrechung (intermittierend) in einem Dialysezentrum 3mal wöchentlich. Der Flüssigkeitsaustausch wird meistens über Nacht automatisch mittels einer Peritonealdialysemaschine („Cycler“) durchgeführt.

Kontinuierliche zyklische Peritonealdialyse (CCPD)

Die CCPD ist die Abkürzung für „continuous cyclic peritoneal dialysis“ und heißt übersetzt: kontinuierliche zyklische Bauchfelldialyse. Die CCPD ist eine Weiterentwicklung der Kontinuierlichen ambulanten Peritonealdialyse (CAPD) unter Zuhilfenahme einer Peritonealdialysemaschine. Diese Behandlungsform wird vom Patienten ebenfalls meist zu Hause über Nacht durchgeführt. Der Patient schließt sich am Abend an die Maschine an. Während der Nachtruhe führt diese Maschine wiederholte Dialysatwechsel durch. Am Morgen schließt sich der Patient wieder ab, verschließt den Katheter steril und kann am Tage ohne Belastung durch ständige Beutelwechsel seinen Beschäftigungen nachgehen. Die Anzahl der Wechsel in der Nacht sowie die jeweils ausgetauschten Dialysatmengen werden in die Maschine einprogrammiert. Die letzte Dialysatfüllung wird vom Morgen bis zum Abend in der

Bauchhöhle belassen. Damit wird besonders der berufstätige oder viel reisende Patient tagsüber nicht durch Beutelwechsel belastet.

Auch Behinderten, die bei der Durchführung der CAPD auf fremde Hilfe angewiesen sind, wird durch den Wegfall der Beutelwechsel am Tag das Leben erleichtert.

Von den drei genannten Peritonealdialyseverfahren ist die CAPD die häufigste und am weitesten verbreitete Behandlungsform.

Im Vergleich zur Hämodialyse bietet die CAPD eine Reihe von *Vorteilen:*

- kontinuierliches Verfahren, dadurch weniger kreislauf- und herzbelastend;
- absolutes Heimdialyseverfahren mit guter Beweglichkeit und größerer zeitlicher Freiheit;
- bessere berufliche Rehabilitation (auch am Arbeitsplatz können Beutelwechsel durchgeführt werden), mehr Reisemöglichkeiten;
- keine Fistelanlage (s. Kap. 4.1.2), keine Schmerzen durch Punktionen, kein Heparinbedarf (s. Kap. 4.2), keine Blutverluste, keine dialysebedingten Kreislaufreaktionen und Komplikationen;
- geringere diätetische Beschränkungen, kaum Flüssigkeitsbeschränkung,
- geringere Langzeitdialysekomplikationen.

Aber auch über die möglichen *Nachteile* einer CAPD sollte der Betroffene informiert sein:

- Kathetereinlage und ständiges Kathetertragen sind unabdingbar;
- mechanische Probleme mit Kathetern und Verbindungsstücken (Konnektoren);
- Gefahr der Bauchfellentzündung;
- Badeverbot (Duschen ist erlaubt);
- kontinuierliche Glukosebelastung (Gefahren: Übergewicht, schwere Fettstoffwechselstörung);
- Verlust der Ultrafiltrationsfähigkeit des Bauchfells bei wiederholten Bauchfellentzündungen.

Bevor einem Patienten die Möglichkeit der Bauchfelldialyse als eine zuverlässige Art der Nierenersatzbehandlung und als echte Alternative zur Hämodialyse vorgestellt wird, muß festgestellt werden, ob der Patient dafür geeignet ist. Das ist nicht der Fall bei erheblichen Veränderungen im Bauchfell, bei Zustand nach mehrfachen Operationen, Entzündungen, Tumoren, schweren Lungenerkrankungen, die eine Volumenbelastung im Bauchraum nicht zulassen, vor allem aber bei mangelnder Kooperation des Patienten und mangelnden hygienischen Verhältnissen. Nach Ausschluß der genannten Situationen liegt die Entscheidung beim Patienten selbst.

Aber auch umgekehrt kann der Fall eintreten, daß der Arzt dem Patienten den Wechsel von der Hämodialyse zur Bauchfelldialyse empfiehlt (z. B. bei Problemen der Gefäßzugänge für die Hämodialyse).

3.2 Nierentransplantation (Nierenverpflanzung)

Die bisher genannten Formen der Nierenersatztherapie (Hämodialyse, Bauchfelldialyse) können in unterschiedlichem Ausmaß nur Teilfunktionen der Nieren ersetzen, so daß nie eine vollständige Entgiftung stattfindet und andererseits durch den unkontrollierten Verlust von physiologischen Substanzen über die Membran auch sekundäre dialysebedingte Organstörungen auftreten. Dagegen bietet die erfolgreiche Nierentransplantation dem Nierenkranken die besten Voraussetzungen hinsichtlich Lebenserwartung und Lebensqualität. Gegenwärtig leben in Deutschland etwa 8.500 Menschen mit einer transplantierten Niere.

Zur Nierentransplantation eignen sich zur Zeit nur Organe von Menschen, da das menschliche Abwehrsystem Organe von anderen Lebewesen sofort zerstört (Abstoßung). Den größten Teil der transplantierten Nieren stellen Leichennieren dar. Spender sind Personen, die hirntod sind. Seltener ist die Transplantation einer Niere von einem Lebendspender.

Mehr als 50 % aller Dialysepatienten sind für eine Transplantation geeignet. Früher geübte Zurückhaltung und Einschränkungen gegenüber einer geplanten Nierentransplantation bei bestimmten Erkrankungen sind in den letzten Jahren weitgehend weggefallen. Insgesamt gibt es derzeit nur wenige Situationen, bei denen eine Transplantation nicht möglich ist (Kontraindikationen). Hier liegt zunächst die Verantwortung in den Händen des behandelnden Dialysearztes. Wesentlich ist die Risikobetrachtung und Risikoabwägung sowohl für den Patienten als auch für das Transplantat. So können insbesondere bei älteren Patienten mit Zweit- und Dritterkrankungen eine Reihe von Problemen auftreten, die vor der Entscheidung zur Nierentransplantation abzuklären sind. Dabei haben nicht Einzelbefunde, sondern der Gesamtzustand des Patienten die entscheidende Bedeutung. Die regelmäßige Überprüfung der Transplantationsfähigkeit ist nicht nur eine Aufgabe eines Transplantationszentrum, sondern auch des betreuenden Dialysearztes bzw. des Dialysezentrums.

Bei dringendem Transplantationswunsch eines Patienten müssen diese Dinge offen, ehrlich und kritisch mit dem Betroffenen besprochen werden. Bei der Auswahl von Empfängern für Spendernieren ist ein Alter bis zu 70 Jahren heute kein Hinderungsgrund mehr. Aufgrund der im Alter nachlassenden Aktivität des Abwehrsystems (Immunsystems) werden sogar weniger Abstoßungsreaktionen beobachtet. Selbst die kürzere Lebenserwartung älterer Menschen – natürlich unter Beachtung von Herzkreislauferkrankungen – rechtfertigt nicht, Personen von über 60 Jahren eine Spenderniere vorzuenthalten.

Die Zahl der Nierentransplantationen ist in Deutschland seit 1977 (277 Nierentransplantationen) bis 1990 (2358 Nierentransplantationen) kontinuierlich angestiegen. Seitdem ist bis 1994 leider ein Rückgang (1894 Nierentransplantationen) zu verzeichnen. Dabei erhöht sich ständig die Anzahl der Patienten auf der Warteliste. Im Jahre 1994 wurden 8996 Nieren benötigt.

Dieses Mißverhältnis hat seine Ursache in einem zu geringen Spenderangebot. Die Verabschiedung eines Transplantationsgesetzes würde für die auf der Warteliste stehenden Patienten eine positive Entwicklung bringen, denn gesetzliche Regelungen zur Organübertragung existieren in Deutschland bislang nicht.

4 Was der Dialysepatient von der Dialyse wissen sollte

4.1 Gefäßzugang für die Hämodialyse

Zur Durchführung der Hämodialyse muß die „künstliche Niere“ einfach und beliebig wiederholbar an das Blutgefäßsystem des Patienten angeschlossen werden können. Voraussetzung dafür sind geeignete Zugänge bzw. Anschlüsse an das Gefäßsystem. Man unterscheidet zwischen **vorübergehenden Gefäßzugängen** und **ständigen Gefäßzugängen.**

4.1.1 Vorübergehender Gefäßzugang

Man verwendet heute Katheter mit großem Innendurchmesser (3 bis 4 mm), die entweder in die Beinvene oder eine Halsvene eingeführt werden. Die Austrittsstelle aus dem Körper wird stets steril verbunden. Beim Auftreten einer Entzündung (Rötung um die Eintrittstelle) oder erhöhter Körpertemperatur ist der Katheter sofort zu entfernen. Zwischen den Dialysen kann ein regelmäßiges Spülen alle 6 bis 8 Stunden mit einer Heparinlösung erfolgen oder eine sogenannte Heparinplombe für 48 Stunden angewendet werden.

Diese Katheter kommen in folgenden Situationen zum Einsatz:

- bei Patienten mit akutem Nierenversagen (plötzlicher, in der Regel rückbildungsfähiger Zusammenbruch der Nierenfunktion);
- wenn bei einem chronischen Nierenversagen sofort dialysiert werden muß und ein anderer Gefäßzugang nicht vorhanden ist oder noch nicht benutzt werden kann (z. B. erst kurzeitig angelegte Fistel);
- wenn ein Fistelverschluß eingetreten ist.

4.1.2 Ständiger Gefäßzugang

Es gibt eine Vielzahl von Möglichkeiten der Anlage einer Gefäßverbindung, auch „Fistel“ (Shunt) genannt. Unter dem Wort Fistel versteht man eine **Kurzschlußverbindung zwischen einer Arterie und einer Vene.**

Die gebräuchlichste Methode ist die operative Verbindung unter der Haut am Unterarm zwischen Arterie und Vene (Abb. 8). Die Vene wird sozusagen „arterialisiert“. Der Blutfluß in dieser arterialisierten Vene ist deutlich höher. Außerdem tritt die Vene beim Anlegen einer Staubinde deutlich hervor und kann, da sie oberflächlich liegt, gut punktiert werden.

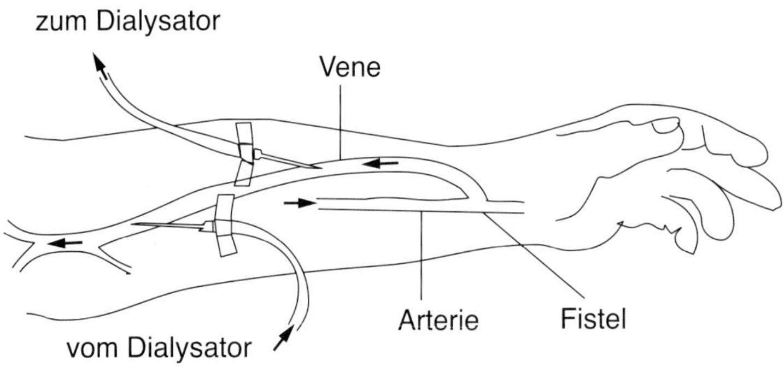

Abb. 8: Schematische Darstellung einer Dialysefistel

Die sogenannte Brescia Cimino-Fistel (erstmals von Cimino am Unterarm angelegt) ist vielfach verändert worden, da sie nicht immer an typischen Stellen angelegt werden kann. So werden entsprechende Gefäßverbindungen nahe der Ellenbeuge, am Oberarm, aber auch am Bein geschaffen. Sind keine geeigneten oberflächlichen Venen vorhanden, kann ein Kunststoffgefäß eingepflanzt werden. Die Entnahme einer Vene aus dem Bein des Patienten (Vena saphena) zur Verbindung einer Arterie und tiefen Vene am Arm sollte nur in Ausnahmefällen vorgenommen werden.

Nach Anlage einer Fistel ist zu beachten:

- Hochlagerung und Ruhigstellung des Armes (oder Beines);
- gut sitzender Verband (nicht zu straff!);
- Schmerzmittelgabe;
- Vermeidung eines Blutdruckabfalls (Blutdruckkontrolle!);
- Kontrolle der Durchgängigkeit mit dem Stethoskop oder durch Abtasten;
- erster Stauversuch der Fistel mehrmals täglich nach 4 Tagen;
- Entfernung der Fäden nach frühestens 12 Tagen;
- erste Punktion der Fistel nach frühestens 2 Wochen.

Fistelpflege

Zwar bildet die Haut eine Schutzbarriere gegen Infektionen der Fistel, diese Barriere wird jedoch bei jeder Punktion durchbrochen. Wesentliche Voraussetzungen zur Vermeidung von Fistelkomplikationen sind: **„Erst reinigen, dann desinfizieren!"**, steriles Einwegmaterial, sichere Punktionen, Vermeidung von Fehlpunktionen (Bluterguß!), optimale Gerinnungshemmung und richtige Kompression (punktförmig, nicht zu stark).

Der Patient sollte über folgende Prinzipien informiert sein:

- Ein häufiger Wechsel der Punktionsstellen ist zu beachten (Punktion nach Strickleiterprinzip, wenn dies die anatomischen Verhältnisse erlauben).
- Nach erfolgreicher Punktion ist die optimale Lage der Kanüle im Gefäß durch Drehen, Schrägstellen, Unterlegen von Tupfern usw. zu ermitteln und die Kanüle sicher zu fixieren. Die Einstichstelle der Kanüle in den Körper muß mit einem sterilen Tupfer abgedeckt werden.
- Blutdruckmessungen sowie Gefäßpunktionen zu diagnostischen und therapeutischen Zwecken müssen am Fistelarm unterbleiben.
- Der Fistelarm kann bei täglichen Verrichtungen nahezu uneingeschränkt benutzt werden. Tätigkeiten mit erhöhter Verletzungsgefahr und schweres Heben sollen vermieden werden (deshalb bei „Gefahr" entsprechende Kleidung zum Schutz tragen).
- Duschen, Baden und Schwimmen sind in der Regel erlaubt, wenn die Einstichstelle nicht mehr blutet, nicht näßt und von einer trockenen Kruste überzogen ist.

- Die Arme sollten nicht verschränkt werden, um die Fistel nicht abzudrücken.
- Die Fistel ist mehrmals täglich abzufühlen, um das „Schwirren“ zu registrieren.

Fistelkomplikationen

Die Punktion der Fistel ist die unmittelbare schmerzhafte Begegnung des Patienten mit der Dialysebehandlung.

Verständlicherweise konzentrieren sich darauf seine Ängste, stellt doch die Fistel die Voraussetzung für die lebensnotwendige Dialysebehandlung dar.

Die Fistel des Dialysepatienten ist im wahrsten Sinne des Wortes seine **Lebensader** und sollte wie **ein rohes Ei** behandelt werden. Die unter „Fistelpflege“ aufgeführten Maßnahmen sind von jedem Dialysepatienten in seinem eigenen Interesse sehr ernst zu nehmen. Zur frühzeitigen Erkennung einer Fistelkomplikation ist mit großer Aufmerksamkeit auf folgende Dinge zu achten:

- das Befühlen der Fistel („Schwirren“ muß fühlbar sein);
- das Beobachten der Fistel (Rötung, Schwellung, Schmerzen oder „Eiterpickel“ sind Alarmsignale);
- die Pflege der Fistel (tägliches Waschen oder Duschen und gründliche Desinfektion vor der Punktion sind unbedingt erforderlich).

Die nachfolgend aufgeführten Fistelkomplikationen sind auch bei ordnungsgemäßer Sterilisations- und Punktionstechnik nicht immer vermeidbar. Durch aktive Mitarbeit des Patienten können einige Komplikationen verhindert, andere rechtzeitig erkannt werden.

Fistelblutungen: In der Regel tritt 10–15 Minuten nach einer sorgfältigen Kompression kein Blut an der Einstichstelle mehr aus. Langdauernde Blutungen aus dem Stichkanal sind dennoch möglich, wenn

- zuviel Heparin verabreicht wurde;
- ein Elastizitätsverlust der Wand des Fistelgefäßes infolge zu häufiger Punktionen an gleicher Stelle eintritt;

- bei schlechter Punktionstechnik oder bei schlechter Qualität der Punktionskanüle der Stichkanal zu groß ist oder durch häufige Manipulation an der Nadel während der Dialyse der Stichkanal ausgeweitet wurde;
- die Fistel entzündet ist.

Therapie:

- Bei der Kompression sollte man nicht die Geduld verlieren (nicht zu häufig schauen).
- Evtl. kann der Arzt ein Heparingegenmittel (Protamin) in eine periphere Vene verabreichen.
- Nach der Blutstillung ist ein gut sitzender Druckverband (Kompressionsverband) anzulegen. Der Patient muß über die Kompressionstechnik informiert sein (Kompression nie oberhalb der Fistel anlegen, da sonst die Blutung noch zunehmen kann).

Fistelaneurysma: Ein Aneurysma ist eine sackförmige Erweiterung eines Blutgefäßes. Die Hauptursache dafür ist ein zu häufiges Punktieren einer Fistelvene an gleicher Stelle (Wandschwäche). Ein Aneurysma kann aber auch unmittelbar an der Verbindungsstelle der Vene mit der Arterie auftreten, da hier die Venenwand durch Wirbelbildungen des Blutstromes stark beansprucht wird. In dieser sackförmigen Erweiterung kann infolge Verlangsamung des Blutstromes ein Blutgerinnsel (Thrombose) entstehen. Wenn dieses in die Blutbahn gelangt, spricht man von einer Embolie. Plötzliche und lebensgefährliche Blutungen können auftreten, wenn ein Aneurysma zerreißt. Der Entstehung eines Fistelaneurysmas kann durch ständiges Wechseln der Punktionsstelle vorgebeugt werden.

Fistelthrombosen: Bei Verlangsamung des Blutflusses durch die Fistel infolge eines Blutdruckabfalls, insbesondere bei einem Aneurysma, besteht die Gefahr einer Blutgerinnselbildung (Thrombose). Auch Fistelinfektionen können eine Fistelthrombose verursachen.

Fistelinfektion: deuten sich durch lokales Spannungsgefühl, kleine „Eiterpickel“, leichte Rötung, Schwellung, Druckempfindlichkeit, bishin zum Austritt von Blut und Wundsekret aus dem

Stichkanal an. Sie treten am häufigsten im Bereich der Punktionsstelle auf, wenn nicht hygienisch einwandfrei gearbeitet wurde. Sie können aber auch bei makelloser Sterilisations- und Punktionstechnik entstehen, sind also nicht immer vermeidbar. Fistelinfektionen stellen immer eine sehr ernstzunehmende Komplikation dar, weil sie eine Quelle für die Ausstreuung von Bakterien in den Körper sind. Bei Kunststoffisteln (Gefäßprothesen) besteht eine erhöhte Infektionsgefahr.

Therapie:

- sofortiger Einsatz von Antibiotika;
- keine Punktionen im Bereich einer Infektion;
- gegebenenfalls chirurgische Maßnahmen bis hin zur Fistelentfernung (eine infizierte Kunststoffistel muß meist entfernt werden).

Zustand der „kalten Hand“: Im medizinischen Sprachgebrauch spricht man vom Steal-Phänomen (to steal = stehlen). Wenn aufgrund der Verbindung zwischen Arterie und Vene nicht genügend Blut in die Hand gelangt, ist die Durchblutung so gestört, daß es für den Patienten zu sehr lästigen, oft auch schmerzhaften Durchblutungsstörungen kommen kann, besonders bei Anstrengung oder Kälteeinwirkung. Gefährdet sind Patienten, deren Durchblutung infolge einer Arteriosklerose bereits vor Anlage einer Dialysefistel gestört war. In einigen Fällen können sich die Verhältnisse durch die Ausbildung von neuen Durchblutungswegen bessern. Oft bereitet die Behandlung große Schwierigkeiten oder ist sogar unmöglich. Gelegentlich muß eine Fistel sogar wieder verschlossen und ein anderer Gefäßzugang geschaffen werden.

Rezirkulation

Bei schlechten venösen Abflußverhältnissen kann es vorkommen, daß das venöse, bei der Hämodialyse zurückgeführte Blut über die „arterielle Nadel“ wieder angesaugt wird. Damit gerät es erneut in die künstliche Niere außerhalb des Körpers, anstatt in den Körper abzufließen. Es wird dann bei zugleich bestehender unzureichender arterieller Blutversorgung der Fistel ein hoher Blutfluß vorgetäuscht. Eine geringgradige Rezirkulation wird häufig nicht bemerkt. Ein höheres Rezirkulationsvolumen kann man daran erkennen, daß zu Beginn der Dialyse, die noch in der venösen Blutleitung befindliche Kochsalzlösung nach Anschalten der Blutpumpe in der „arteriellen Blutleitung" erscheint, das arterielle Blut also verdünnt ist (hellrot).

Eine solche Situation beeinträchtigt erheblich den Dialyseerfolg und ist in Betracht zu ziehen, wenn trotz ausreichender Dialysezeit, vor allem die Werte von Harnstoff und Kalium im Blut sehr hoch sind, obwohl keine diätetischen Fehler gemacht wurden.

4.2 Heparinisierung

Was ist Heparin?

1916 wurde in Leberextrakten eine gerinnungshemmende Substanz entdeckt und nach ihrem Entdeckungsort (Hepar = Leber) Heparin genannt. Das Heparinmolekül ist ein Mehrfachzucker mit einem Molekulargewicht von 17.000, das bedeutet, es kann die Dialysemembran nicht passieren.

Warum Heparinisierung?

Außerhalb des intakten Gefäßsystems des Körpers kommt es sehr rasch zu einer Blutgerinnung, d. h., das Blut würde in kurzer Zeit das Schlauchsystem und den Dialysator verstopfen. Eine ausreichende Gerinnungshemmung ist deshalb Grundvoraussetzung für die Dialysedurchführung. Dies geschieht in der Regel mit Heparin.

Wie und in welcher Dosierung soll Heparin verabreicht werden?

Die während einer Dialyse notwendige Menge an Heparin muß für jeden Patienten ausgetestet werden. In der Regel ist der ermittelte individuelle Heparinbedarf des einzelnen Patienten dann aber relativ konstant.

Die Gabe von Heparin kann stoßweise durch mehrere rasche Einzelinjektionen erfolgen, aber auch kontinuierlich. Letzteres bedeutet, daß nach einer anfänglichen kleineren Einzeldosis eine ständige Heparingabe über eine Pumpe bis 30 Minuten vor Dialyseende erfolgt. Art und Weise der Heparinverdünnung und die Höhe der Anfangsdosis werden in den Dialysezentren unterschiedlich gehandhabt.

Beim Einsatz von Heparin gilt der Grundsatz „So wenig wie möglich, so viel wie nötig", denn diese Substanz hat auch eine Reihe von Nebenwirkungen, über die der Patient informiert sein sollte. Während noch vor einigen Jahren 10 bis 15.000 IE (Internationale Einheiten) Heparin pro Dialysesitzung verabreicht wurden, liegen heute die durchschnittlichen Dosierungen nur noch zwischen 4000 und 6000 IE.

Wann und wie wird der Heparineffekt kontrolliert?

Jeder Patient hat seinen eigenen Heparinbedarf. Ist dieser festgestellt und bekannt, muß keineswegs bei jeder Dialysebehandlung eine Gerinnungskontrolle erfolgen. Dies ist nur bei klinischen Besonderheiten erforderlich (z. B. Blutungen während oder verstärkte Blutungen nach Beendigung der Dialyse oder wiederholtes Verstopfen des gesamten Systems bei der üblichen Heparindosierung). Gebräuchlich sind die Anwendung der Gerinnungszeit des Blutes sowie die Anwendung der Thrombinzeit, die auf das 2 bis 3fache verlängert sein sollte.

Welche Nebenwirkungen kann Heparin haben?

Lokale oder generalisierte allergische Reaktionen, Juckreiz, Haarausfall, Hautveränderungen, Verstärkung der Übersäuerung des Blutes, Steigerung der Fettwerte, Abfall der Zahl der Blutplättchen, Verstärkung der Osteoporose und Blutdruckabfälle können nach Heparinverabreichung auftreten. Über wichtige Wechselwirkungen mit anderen Medikamenten sollte der Patient ebenfalls informiert sein, wie eine Wirkungsverstärkung von Heparin durch Aspirin oder „Rheumatabletten" sowie eine Wirkungsabschwächung von Heparin durch gleichzeitige Verabreichung von juckreizhemmenden Substanzen (Antihistaminika), Herzmedikamente (Digitoxin), Antibiotika (Tetrazyklin) und Vitamin C.

Unter dem Einfluß der Heparinwirkung während und einige Stunden nach der Dialyse dürfen keine intramuskulären Injektionen oder Eingriffe mit Blutungsfolge (z. B. Punktionen großer Gefä-

ße, Entnahme von Gewebeproben, Zahnentfernungen) vorgenommen werden. Eine Substanz, die unmittelbar die Heparinwirkung blockiert oder neutralisiert ist Protaminsulfat.

Gibt es Alternativen zum Heparin?

Durch Spaltung des Heparins entsteht niedermolekulares Heparin mit einem mittleren Molekulargewicht von etwa 4000–6000. Diese Substanz, auch Fragmin genannt, bietet bei gleicher thrombosehemmender Wirkung wie Heparin ein geringeres Risiko für Blutungen, und die o. g. anderen Nebenwirkungen von Heparin werden seltener oder gar nicht beobachtet. Außerdem benötigt man nur etwa 2/3 der üblichen Heparindosierung. Zur Festlegung der exakten Dosierung und Wirkungskontrolle ist bei Fragminverwendung eine für die Praxis sehr aufwendige und umständliche Methode (Anti-Faktor-Xa-Bestimmung) erforderlich.

Die vom Hersteller angegebene körpergewichtsabhängige Dosierung hat sich zwischenzeitlich in vielen Zentren bestens bewährt, und der o. g. Test scheint nur im Ausnahmefall notwendig. Allerdings besteht auch heute noch das Problem des relativ hohen Preises von Fragmin.

4.3 Dialysierflüssigkeit

Um eine ausreichende Entgiftung während der Hämodialyse zu erreichen, sollte der Blutfluß zwischen 250 und 300 ml pro Minute liegen. Auf der Gegenseite der Dialysemembran fließt die Dialysierflüssigkeit („Spüle“) mit einer Geschwindigkeit von ca. 500 ml pro Minute. Bei einer Hochrechnung bedeutet das, pro Stunde werden 30 Liter, bei einer 5stündigen Dialyse 150 Liter, pro Woche 450 Liter, pro Monat 1800 Liter und pro Jahr ca. 22000 Liter Dialysierflüssigkeit pro Patient benötigt. Da diese Spülflüssigkeit, getrennt von der Dialysemembran, in unmittelbarem Blutkontakt steht und auf diesem Wege auch Verunreinigungen stattfinden können, wird aus den genannten Zahlen ersichtlich, welche Bedeutung die exakte Aufbereitung des Wassers hat, das zur Herstellung der Dialysierflüssigkeit verwendet wird.

4.3.1 Herstellung von Reinwasser (Permeat)

Das übliche Trinkwasser wird über eine sogenannte Umkehrosmose geleitet. Dort erfolgt eine komplette Entsalzung und biologische Reinigung, so daß ein keim- und giftstofffreies Wasser entsteht. Mit dieser Umkehrosmose werden etwa 95–97 % aller Ionen, gelösten organischen Substanzen mit einem Molekulargewicht über 200, Bakterien, Viren, Spurenelemente und andere Partikel zurückgehalten. Schließlich entsteht ein steriles Reinwasser (Permeat), das in der Qualität nahezu dem destillierten Wasser entspricht.

4.3.2 Herstellung der Dialysierflüssigkeit

Dem aufbereiteten Wasser (Permeat) müssen nun Elektrolyte, gegebenenfalls Glukose in einem festgelegten Verhältnis beigefügt werden. Die Mischung von Permeat und Elektrolytkonzentrat erfolgte früher zentral in großen Kanistern. Aus diesen wurden über eine Ringleitung alle Dialysemaschinen mit der fertigen Dialysierflüssigkeit versorgt. Heute wird die Dialysierflüssigkeit dezentral, d. h. direkt an den Dialysegeräten mittels Mischpumpen zubereitet. Ein Teil Elektrolyt-GlukoseKonzentrat wird mit 34 Teilen Permeat gemischt und ergibt 35 Teile Dialysierflüssigkeit. Ein wesentlicher Vorteil dieser dezentralen Versorgung besteht darin, daß bei jedem Patienten die Zusammensetzung der Dialysierflüssigkeit seinen Blutverhältnissen angepaßt werden kann.

Um sowohl Wärmeverluste als auch eine Überwärmung des Körpers während der Dialyse zu vermeiden, ist es wichtig, daß die Temperatur des Dialysators exakt eingestellt wird. Bei der Erwärmung des Dialysators werden gelöste Gase frei. Da sich die Gasbläschen auf der Dialysemembran niederschlagen können und auf diese Weise die Austauschfläche und damit die Leistung der Dialyse vermindern, erfolgt im Dialysegerät auch eine Entgasung der „Spüle“. Die Mischung der Dialysierflüssigkeit wird mittels Leitfähigkeitsmessung überwacht.

Die Dialysierflüssigkeit enthält als Puffersubstanz Bikarbonat oder Azetat. Da das Bikarbonation chemisch instabil ist, ergeben sich bei der Bikarbonatdialyse einige Besonderheiten bei der Herstellung der Dialysierflüssigkeit, auf die hier nicht im Detail eingegangen wird.

Abschließend ein Beispiel einer „typischen" Zusammensetzung der Dialysierflüssigkeit:

- Natrium 135–140 mmol/l,
- Kalium 2 mmol/l,
- Kalzium 1,5 mmol/l,
- Magnesium 0,5 mmol/l,
- Chlorid 103 mmol/l,
- Bikarbonat 33 mmol/l
- Azetat 2 mmol/l.

Die Konzentration eines oder mehrerer Elektrolyte kann im Bedarfsfall bei entsprechenden klinischen Erfordernissen geändert werden. Die Entscheidung trifft der Dialysearzt.

4.4 Dialysevorgang

Voraussetzungen für die Durchführung einer Dialyse sind von Seiten des Patienten der Gefäßzugang und die Heparinisierung, aus technischer Sicht die Bereitstellung der Dialysierflüssigkeit und ein Dialysator mit Schlauchsystemen. Wesentliche Gesichtspunkte auf diesen Gebieten, über die der Patient informiert sein sollte, wurden bereits dargestellt. Nun fehlt noch als technische Voraussetzung das Dialysegerät, das eine Überwachungs- und Sicherheitsfunktion besitzt. Auf technische Einzelheiten bezüglich des Dialysegerätes soll hier bewußt verzichtet werden. In den Dialysezentren ist für deren Bedienung das Dialysepersonal und für die Wartung und Sicherheit das technische Personal verantwortlich.

Das Anliegen dieses Kapitels soll sein, dem Patienten den Dialysevorgang verständlich zu machen, darüber hinaus aber auch auf Situationen hinzuweisen, in denen der Patient aktiv mitwirken kann.

4.4.1 Vorbereitung des Patienten zur Dialyse

Das Wohlbefinden des Patienten ist das oberste Gebot. Die Dialysen sollen in einer ruhigen und sauberen Atmosphäre ohne Hektik, Hast und Zeitdruck stattfinden! In den 4–6 Stunden der Entgiftung gehört neben der medizinischen Betreuung des Patienten in hoher Qualität auch die Schaffung einer Reihe von Annehmlichkeiten (Fernsehen, Radio, Nahrung, Lektüre, freundliche Gespräche mit Nachbarn, dem Pflegepersonal evtl. Familienmitgliedern).

- Bestimmung des **optimalen Körpergewichtes** (Optimalgewicht oder Sollgewicht): Ein Überschuß von Wasser und Salz wird durch sogenannte Ultrafiltration aus dem Körper entfernt. So wird das Körpergewicht nach mehreren Dialysen gesenkt. Zeichen der Flüssigkeitseinlagerung (Ödeme, Atemnot) verschwinden, und der Blutdruck wird in der Regel in den Normbereich gesenkt. Treten allerdings Beschwerden, wie Muskelkrämpfe, schneller Pulsschlag und rascher Blutdruckabfall auf, dann ist der Patient zu stark „entwässert", das sogenannte Trockengewicht ist erreicht. Maßgebend ist, daß sich der Patient am Ende der Dialyse wohlfühlt. Das ist in der Regel der Fall, wenn das Gewicht 500–1000 ml über dem Trockengewicht liegt. Man spricht dann vom Optimalgewicht oder Sollgewicht. Unter Optimalgewicht versteht man das am Ende einer Dialyse zu erreichende Gewicht, bei dem der Patient normalen Blutdruck hat, keine Zeichen einer Wassereinlagerung bietet und sich wohlfühlt (keine Muskelkrämpfe und keinen schnellen Herzschlag). Natürlich unterliegt dieses Sollgewicht auch gewissen Schwankungen, die von der körperlichen Aktivität, der Nahrungsaufnahme, zusätzlichen Flüssigkeitsverlusten (starkes Schwitzen über die Haut im Sommer, Durchfallerkrankungen u. a.) abhängig sind. Diese Situationen muß der Arzt erkennen und das Sollgewicht entsprechend korrigieren.

  Nur durch regelmäßiges Wiegen vor und nach der Hämodialyse ist vor allem bei Patienten mit fehlender Urinausscheidung eine exakte Bilanzierung des Wasserhaushaltes möglich. Das Wiegen von älteren, geh- und sehbehinderten aber auch unzuverlässigen Patienten ist vom Dialysepersonal vorzunehmen.

Gehfähige, gut bewegliche Patienten sind dafür selbst verantwortlich. Jeder Fehler in der exakten Gewichtsangabe ist ein „Eigentor". Wird das tatsächliche Gewicht zu niedrig angegeben, dann wird durch die berechnete Ultrafiltration das Optimalgewicht nicht erreicht – der Patient verläßt die Dialyse mit zu viel Wasser im Körper (Folgen: Belastung des Herzens, Luftnot). Wird dagegen das Gewicht zu hoch angegeben, treten durch die zu intensive Ultrafiltration zur Erreichung des Optimalgewichtes häufiger Blutdruckabfälle auf.

Achtung! Beim Wiegen sollte man immer etwa gleich bekleidet sein.

- Feststellung von Zeichen der **Überwässerung:** Schwellungen an Knöcheln, Unterschenkeln und im Gesicht (beim bettlägrigen Patienten in der Gegend des Kreuzbeines) sowie Atembeschwerden können auf Wassereinlagerungen im Körper hinweisen. Der Patient sollte nicht warten, bis der Arzt diese Veränderung feststellt, sondern selbst darauf hinweisen.
- Überprüfung des **Kreislaufes:** Ohne Blutdruck- und Pulsmessung kein Dialysebeginn! Extreme Schwankungen im Blutdruck oder bisher nicht bekannte Unregelmäßigkeiten des Pulses müssen dem Arzt von der Schwester mitgeteilt werden.
- Orientierung auf **Bequemlichkeit:** Der Patient muß sich zur Dialyse nicht umkleiden. Er sollte möglichst lockere Kleidung tragen. Einschnürungen, vor allem am Fistelarm, sind unbedingt zu vermeiden. Neben bequemen Betten haben sich sesselartige Liegen mit verstellbaren Rücken- und Fußteilen bewährt.

4.4.2 Anschluß an die künstliche Niere

Vor Anschluß an den Blutkreislauf werden während der Dialysevorbereitung der Dialysator und das Schlauchsystem mit Kochsalz gespült und gefüllt. Bei diesem Vorgang wird der Dialysator so befestigt, daß sich die Kochsalzlösung von unten nach oben bewegt. Nur so kann der Dialysator ohne Luftblasen gefüllt werden. Danach wird der Dialysator gedreht. Die Dialysatschläuche werden dann ebenfalls so befestigt, daß die Dialysierflüssigkeit von unten nach oben luftblasenfrei aufgefüllt werden kann. Die Dialysierflüssigkeit bewegt sich im Gegenstrom zum blutführenden System.

Nachdem der Dialysator vorbereitet ist, wird die Punktion der Fistel des Patienten in der Regel von erfahrenen Dialyseschwestern und -pflegern, bei schwierigen Gefäßverhältnissen auch vom Dialysearzt vorgenommen. Die Fistel kann natürlich von jedem Dialysepatienten selbst, bei Heimdialyse vom Dialysepartner punktiert werden. Nach Säubern und sorgfältiger Desinfektion der Haut werden 2 Punktionsstellen im Verlauf der arterialisierten Vene der Fistel bzw. der Gefäßprothese ausgewählt. Die Stelle für die Blutentnahme (arterielle Nadel, auch „Sauger" genannt) liegt immer näher der Stelle, an der die Arterie mit der Vene operativ verbunden wurde, als die Punktionsstelle für die Blutrückgabe (venöse Nadel, auch „Rückfluß" genannt). Das Punktieren an immer der gleichen Stelle bereitet nach längerer Zeit kaum noch Schmerzen, ist aber im Hinblick auf die Entwicklung von Komplikationen (Gefäßaneurysma, Gefäßeinengungen, Infektionen) unbedingt zu vermeiden. Soweit es die anatomischen Verhältnisse erlauben, sollte der gesamte Verlauf des Shuntgefäßes „aufpunktiert" werden, das bedeutet, bei jeder Dialyse sollten neue Punktionsstellen gewählt werden („Strickleiterprinzip"). Das gilt vor allem für Kunststoffprothesen. Während der Punktion zeigt die geschliffene Spitze der Nadel nach unten. Bei jeder Nadelkorrektur und jedem Vorschieben der Nadel sollte die Spitze immer nach oben zeigen. Nur so wird eine Verletzung der der Punktionsstelle gegenüberliegenden Gefäßwand verhindert. Ist eine Punktion mißlungen, dann sollte am besten diese Nadel liegenbleiben, um evtl. Nachblutungen zu verhindern.

Sobald beide Nadeln korrekt in den Gefäßen liegen und gut befestigt sind, kann der „Sauger" mit dem zum Dialysator führenden Schlauchsystem verbunden werden. Die Schlauchklemmen werden geöffnet und die Pumpe gestartet. Bei zunächst geringer Geschwindigkeit der Blutpumpe (100–150 ml/min) wird der Dialysator gefüllt. Sobald das Blut am Ende des zum Körper führenden Schlauchsystems erscheint, wird die Pumpe gestoppt und das Ende dieses Schlauchsystems mit der Rückflußnadel verbunden. Nach Öffnen der Klemme an der Rückflußnadel wird die Pumpe wieder eingeschaltet, der Kreislauf ist geschlossen.

Druckgefühl, Schmerzen oder Schwellung an der Rückflußstelle sind der Schwester sofort mitzuteilen. Die Blutpumpe ist umgehend zu stoppen, um bei einer Fehllage der Rückflußnadel ein Einbluten in das Gewebe und damit einen Bluterguß zu verhindern.

Ist in wenigen Minuten kein neuer Gefäßzugang zu schaffen, müssen vom Dialysepersonal „Sauger" und „Rückfluß" kurzgeschlossen werden, damit dieses Blut bei minimaler Pumpengeschwindkeit zirkulieren kann. Dabei ist immer darauf zu achten, daß die Leitung der Kochsalzinfusion geöffnet ist, denn während der Zirkulation geht Flüssigkeit durch Ultrafiltration aus dem System verloren.

Einnadeldialyse („Single needle"-Dialyse): Bei Gefäßproblemen unterschiedlicher Art ist die Dialyse auch mit nur einer Nadel möglich, die abwechselnd als „Sauger" und „Rückfluß" dient. Die heutigen Dialysemaschinen besitzen die technischen Voraussetzungen für diese Dialyseart.

4.4.3 Überwachung während der Dialyse

Die Überwachung während der Dialyse durch das Dialysepersonal bezieht sich auf den Patienten und auf den apparativen Bereich.

Patientenüberwachung: Hier ist die Mithilfe des Patienten gefordert.

- Bei den stündlichen Blutdruck- und Pulskontrollen sind Abweichungen von der Norm sowie Pulsunregelmäßigkeiten umgehend dem Arzt mitzuteilen.
- Bei notwendigen Unterbrechungen der Dialyse (Toilette, evtl. Wiegen im Stehen) ist unbedingt auf langsames Aufstehen aus dem Sessel oder aus dem Bett zu achten, um rasche Blutdruckabfälle oder Kollapszustände zu vermeiden.
- Bei Drehen oder Abwinkeln des Fistelarmes besteht die Gefahr des „Durchstechens" einer Nadel.
- Die Nahrungsaufnahme des Patienten muß kontrolliert werden.

Alle Kreislaufparameter des Patienten und Besonderheiten während der Dialyse sind vom Dialysepersonal in ein Protokoll einzutragen.

Apparateüberwachung: Folgende technischen Werte an der Dialysemaschine bedürfen einer ständigen Überprüfung durch das Dialysepersonal (wenn möglich, soll auch der Dialysepatient „seinen Apparat" mit beobachten):

- Leitfähigkeit, Temperatur, Dialysatfluß;
- Luftdetektor, Einstellung des Blutspiegels im Luftfänger, arterieller und venöser Druck, Transmembrandruck (TMP), Ultrafiltrationsrate.

Die Einstellung der oberen und unteren Grenzen der o. g. technischen Werte sollte immer relativ eng sein. So werden geringste Abweichungen nach oben und unten erkannt und hörbar (Ton) oder sichtbar (Aufblinken) dem Dialysepersonal mitgeteilt. Man kann beispielsweise eine mangelnde Blutzufuhr aus der Arterie, das Lösen einer Schlauchverbindung oder das Herausrutschen der venösen Nadel aus dem Stichkanal am Abfall des venösen Rückflußdruckes nur bemerken, wenn an der entsprechenden Anzeige (Monitor) auch die untere Grenze eng eingestellt ist.

Die Blutpumpe muß auf eine Geschwindigkeit von 250–300 ml/min eingestellt sein. Der Fluß der Dialysierflüssigkeit beträgt ca. 500 ml/min (s. Kap. 4.3).

Alle genannten Parameter sind am Anfang der Dialyse und bei Abweichungen im Protokoll zu registrieren. Bei der Dokumentation des Transmembrandruckes (TMP) ist zu beachten, daß dieser 10 bis 20 Minuten für den Aufbau benötigt (s. u.).

4.4.4 Wasserentzug (Ultrafiltration)

Ultrafiltration bedeutet den Entzug von Wasser und Salz aus dem Blut durch ein Druckgefälle zwischen Blutseite und Dialysatseite der Dialysemembran. Dies kann entweder durch Erhöhung des Druckes im blutführenden System oder durch eine Verminderung des Druckes im dialysierflüssigkeitführenden System geschehen. Beide Werte addieren sich zu dem **Transmembrandruck** (TMP), der schließlich entsprechend den Eigenschaften der Dialysemembran den Grad der Ultrafiltration bestimmt.

Somit wird die Höhe der Ultrafiltration von den Druckverhältnissen im blut- und dialysierflüssigkeitführenden System sowie den Membraneigenschaften des Dialysators bestimmt. Zur Vermeidung von Kreislaufkomplikationen und zur Erhöhung der Dialyseverträglichkeit sollte die stündliche Ultrafiltration 1–1,2 Liter nicht überschreiten, bei älteren Menschen sogar nur 0,8 l/Stunde betragen.

Jede Ultrafiltration geht nicht nur mit einer **Wasser-**, sondern auch mit einer **Salzverschiebung** im Körper einher. Ein höherer Grad von Flüssigkeitsentzug wird erfahrungsgemäß besser verkraftet, wenn die Natriumkonzentration in der Dialysierflüssigkeit über 140 mmol/l liegt. Natriumkonzentrationen über 148 mmol/l sollten nicht gewählt werden, weil dadurch das Durstgefühl steigt.

Die modernen Dialysegeräte sind mit einer automatischen Volumensteuerung ausgerüstet, die einen gleichmäßigen Flüssigkeitsentzug und damit eine bessere Verträglichkeit der Dialyse gewährleistet. Gewichtszunahmen zwischen den Dialysen bis 3 % des Optimalgewichtes (1–1,5 % des Optimalgewichtes bei herzkranken Patienten) werden in der Regel gut toleriert. Sind höhere Gewichtsreduktionen erforderlich, ist es ratsamer, die Dialysezeit zu verlängern, als eine zu hohe Ultrafiltrationsrate einzustellen. Dabei ist darauf zu achten, daß die Ultrafiltrationsrate nicht über 1,2 Liter/Stunde liegt! Durch die Anwendung von sogenannten **Ultrafiltrationsprofilen,** bei denen die Ultrafiltrationsrate während der Dialyse variiert wird, Natriumprofilen oder der Kombination von beiden kann die Verträglichkeit einer Dialyse verbessert werden.

Die technischen Voraussetzungen für die Steuerung der Ultrafiltration und die damit verbundene bessere Verträglichkeit der Dialyse verführen manche Patienten zur übermäßigen Flüssigkeitsaufnahme im Dialyseintervall. Große Flüssigkeitsmengen müssen dann bei jeder Dialyse entfernt werden mit der Folge von Muskelkrämpfen, Blutdruckabfällen und einer enormen Herz-Kreislauf-Belastung. Diese werden mit Kochsalzinjektionen behandelt oder mit hoher Natriumkonzentration in der Dialysierflüssigkeit. Das wiederum erhöht das Durstgefühl des Patienten und die Trinkmenge steigt. Hiervor ist dringend zu warnen. **Es ist bekannt, daß die Langzeiterfolge einer chronischen Hämodialysebehandlung um so besser sind, je weniger die jeweils notwendige Ultrafiltrationsmenge ist und je länger die Dialysebehandlung dauert (4–5 Stunden).**

Highflux-Dialysatoren (hochdurchlässige Membran mit einem hohen Ultrafiltrationskoeffizienten) dürfen zur Verhinderung eines zu raschen Flüssigkeitsentzuges nur an Geräten mit kontrollierter Ultrafiltrationssteuerung verwendet werden.

4.4.5 Ernährung während der Dialyse

In den einzelnen Dialysezentren sind die Gepflogenheiten sehr unterschiedlich. Das Spektrum reicht vom kleinen Imbiß zu Dialysebeginn über die Verabreichung von belegten Brötchen bishin zum warmen Essen nach Dialyseende. Es gibt auch Zentren, die keine Mahlzeit anbieten.

Ohne Zweifel verursacht eine Nahrungsaufnahme in großen Mengen eine Umverteilung des Blutes „an den Ort des Geschehens“ zur Verdauung, d. h., in den Magen-Darm-Trakt. Ähnlich wie in die Muskulatur bei körperlicher Anstrengung gelangen bei Nahrungsaufnahme bis zu 75 % des Blutvolumens in den Magen-Darm-Trakt. Die entsprechend verminderte Gehirndurchblutung führt bei einem Teil der Patienten zu erheblichen Beschwerden, wie Schwindelgefühl, Kopfschmerzen, Übelkeit, zum Teil auch Erbrechen. Aus diesem Grunde sollte eine Belastung des Magen-Darm-Traktes durch übermäßige Nahrungsaufnahme vermieden werden. Wir bevorzugen in unserem Zentrum die Verabreichung einer kalten Mahlzeit in Form von belegten Brötchen (Menge ist abhängig von der Dauer der Dialysebehandlung) einschließlich einer Vitaminzulage in Form von Obst oder Frischkost und in Abhängigkeit von der Außentemperatur 300–500 ml Flüssigkeit.

4.4.6 Beendigung der Dialyse

Nach Ablauf der vorgegebenen Dialysezeit sollte der Dialysevorgang erst dann beendet werden, wenn auch persönlich empfundene Zeichen des Ultrafiltrationsgrades, wie Schwellung des Gesichtes oder der Hände, Faltenbildungen der Haut und Krampfbereitschaft der Wadenmuskulatur nicht mehr vorhanden sind. Gegebenenfalls muß eine Verlängerung der Dialyse mit entsprechender Ultrafiltration erfolgen. Man benötigt zum „Abhängen“ (Rückspülen des Blutes aus dem Schlauchsystem und Dialysator in den Körper) etwa 250 ml physiologische Kochsalzlösung. Sobald die noch mit Blut vermischte Kochsalzlösung das Ende der venösen Blutleitung erreicht hat, muß die Blutpumpe abgeschaltet werden.

Erst wenn der Blutrückfluß beendet ist, dürfen die Monitore abgeschaltet und der Konzentratschlauch aus dem Konzentrat entfernt werden.

Zunächst wird unter Verwendung eines sterilen Tupfers die „Saugernadel“ gezogen. In die Rückflußnadel werden, wenn erforderlich, Medikamente (Eisen, EPO, Desferal usw.) gespritzt, bevor diese ebenfalls gezogen wird.

Um einen Bluterguß (Hämatom) und eine Nachblutung nach Entfernen der Nadeln aus der Fistel zu verhindern, werden die Einstichkanäle sorgfältig mit einem sterilen Tupfer abgedrückt und später mit einem Druckverband versehen. Dieser kann nach 4–6 Stunden vom Patienten selbst entfernt werden.

Bei sorgfältiger Rückführung des Blutes in den Körper ist der Blutverlust sehr gering (2–5 ml).

Zum Abschluß der Dialyse sollte der Blutdruck noch einmal im Liegen oder Sitzen und im Stehen gemessen werden.

4.4.7 Mögliche Komplikationen während der Dialyse

Die Dialysebehandlung ist ein weitgehend komplikationsloses Routineverfahren. Dennoch können gelegentlich Störungen auftreten. Die möglichen Dialysestörungen lassen sich in zwei Gruppen einteilen:

Störungen der Organfunktionen des Dialysepatienten während der Behandlung

Die im Kapitel 4.4.2 und 4.4.3 besprochene Kontrolle und Überwachung der Gerinnung, des Blutflusses, der Monitorfunktionen usw. lassen Komplikationen rechtzeitig erkennen und entsprechende Maßnahmen dagegen ergreifen. Subjektive Beschwerden sollten umgehend dem Dialysearzt mitgeteilt werden. Die beste Vorbeugung gegen Organstörungen während der Dialyse ist die Disziplin des Dialysepatienten zwischen den Dialysebehandlungen. Dabei stehen die Kontrolle des Gewichtes, des Blutdrucks und der Eßgewohnheiten im Mittelpunkt. **Jeder Dialysepatient sollte eine Personenwaage und ein Blutdruckmeßgerät besitzen.**

Es gelten folgende Leitsätze:

- je geringer die Flüssigkeitszufuhr zwischen den Dialysen, desto „sanfter" die Dialyse;
- je geringer die Kaliumzufuhr mit der Nahrung, desto geringer die Gefahr von Herzrhythmusstörungen;
- je aufmerksamer die Beobachtung der Fistelfunktion und Fistelpflege, desto komplikationsloser die Fistelpunktion.

Die häufigsten Organstörungen während der Dialysebehandlung betreffen den Kreislauf.

Blutdruckabfall (Hypotonie): Blutdruckabfall mit Pulsbeschleunigung, Schwindel, kaltem Schweiß, Unruhe, Übelkeit bis zum Erbrechen können zu jeder Zeit während der Dialyse auftreten:

- zu Beginn der Dialyse infolge Blutverlagerung in den Dialysator und das Blutschlauchsystem (Maßnahme: niedrigere Umdrehung der Blutpumpe und Infusion von physiologischer Kochsalzlösung);
- während der Dialyse durch übermäßige Ultrafiltration (Maßnahme: Infusion von physiologischer Kochsalzlösung);
- wenn Luft in den Blutkreislauf gelangt (Luftembolie);
- bei Herzrhythmusstörungen, Infektionen, Allergien.

Niedrigen Blutdruck ohne erkennbare Ursachen haben zunehmend häufiger langjährige Dialysepatienten, die auch zu niedrigem Blutdruck (Hypotonie) neigen, wenn ihr Trockengewicht noch nicht erreicht ist. In diesem Fall hilft keine Kochsalzinfusion. Der Dialysearzt hat zu entscheiden, ob im entsprechenden Fall eine Natriumkonzentrationsänderung der Dialysierflüssigkeit, eine Umstellung auf ein anderes Blutreinigungsverfahren oder evtl. die Verabreichung von blutdrucksteigernden Medikamenten sinnvoll ist.

Blutdruckanstieg (Hypertonie): Die häufigsten Symptome bei Blutdruckanstieg sind Kopfschmerzen, Übelkeit und Erbrechen.

Ursachen:

- übermäßige Kochsalzufuhr durch Diätfehler;
- hoher Natriumgehalt in der Dialysierflüssigkeit;
- hohe Kalziumkonzentration in der Dialysierflüssigkeit (sogenanntes Hartwasser-Syndrom);
- hormonaktive Nieren (eventuell beidseitige operative Nierenentfernung erforderlich).

Herzrhythmusstörungen: Symptome für Herzrhythmusstörungen können die Verlangsamung des Herzschlages unter 50/min, eine Beschleunigung des Herzschlages über 120/min sowie Herzstolpern sein.

Ursache:

- zu schnelle Elektrolytverschiebung (Kalium) zwischen Blut und Dialysierflüssigkeit, besonders wenn der Herzmuskel vorgeschädigt oder durch Herzglykoside (Digitoxin) empfindlich geworden ist.

Luftembolie: Symptome wie Atemnot, Hustenreiz, Schmerzen in der Brust, Blutdruckabfall, Herzjagen und Schock weisen auf eine Luftembolie hin.

Ursache:

- Einströmen von Luft in das blutführende System und über die Venen in die rechte Herzkammer (bei mehr als 10 cm^3 besteht Lebensgefahr).

Deshalb ist die venöse Blutleitung sofort abzuklemmen und der Patient in Linksseitenlage zu bringen.

Blutungen: Unter Heparineinfluß kann es zu Blutungen aus den Einstichstellen der Punktionskanülen, aus Kratzwunden, aus Nase oder Zahnfleisch kommen.

In diesem Fall wird die Heparinwirkung durch ein Gegenmittel (Protamin) neutralisiert.

Bei starken Blutungen ist die Dialyse zu beenden.

Fieber, Schüttelfrost: Die Körpertemperatur des Dialysepatienten bleibt während der Dialysebehandlung bei korrekter und konstanter Temperatur der Dialysierflüssigkeit normal. Temperaturanstiege über 38° C können dialysebedingte und dialyseunabhängige Ursachen haben:

- dialysebedingte Ursachen: Eindringen von Bakterien in den Blutkreislauf (unsteriles Dialysematerial, Fistelinfektion);
- dialyseunabhängige Ursachen (Zweiterkrankungen): grippale Infekte, Furunkulose, Unverträglichkeit von Fremdblut bei Bluttransfusionen u. a.

Dialyseunverträglichkeit: Wenn Symptome wie Hustenreiz, Niesreiz, Engegefühl in der Brust, Atemnot, Herzklopfen, Blutdruckabfall, Unruhe, Schwächegefühl, Übelkeit, Augentränen, Bauch- und Rückenschmerzen und Juckreiz (bis zum Schock und Atemstillstand) nicht durch o. g. Organstörungen bedingt sind, sollte an eine sogenannte Dialyseunverträglichkeit gedacht werden.

Ursachen:

- Material der Dialysemembran: O. g. Symtome werden als „first use syndrom" zusammengefaßt und können vorwiegend bei der Verwendung von Cuprophanmembran-Dialysatoren in den ersten Dialyseminuten auftreten. Dagegen führen Dialysatoren aus synthetischem Material (Polyacrylnitril, Polysulfon, Polyamid, Polycarbonat, Polymethylmetacrylat) nicht zu diesen Reaktionen im Körper des Dialysepatienten. Sie werden daher als körperverträglich bezeichnet.
- Allergie gegen Ethylenoxyd (ETO): ETO wird zur Sterilisation von Dialysatoren, Schlauchsystemen, Punktionsnadeln und

Infusionsbeuteln benutzt. Durch Vorspülen des Blutschlauchsystems und des Dialysators mit 2 l physiologischer Kochsalzlösung auf der Blutseite und 15minütigem Spülen des Dialysators mit Dialysierflüssigkeit kann das wasserlösliche ETO ausgewaschen werden. Dadurch lassen sich oft die leichteren Unverträglichkeitserscheinungen vermeiden. Bei gesicherter ETO-Allergie sollten dampf- oder gammastrahlensterilisierte Materialien verwendet werden.

Häufig begleiten den Dialysevorgang allgemeine Beschwerden wie Unruhe, Übelkeit, Erbrechen, Schwindel, Muskelkrämpfe, Reizbarkeit, Kopfschmerzen und Juckreiz, die meist gegen Ende der Dialyse zunehmen. Aufgrund dieser Symptome äußern viele Patienten den Wunsch, die Dialyse vorzeitig zu beenden. Das wäre der falsche Weg, weil wir wissen, daß gerade durch eine Verlängerung der Dialysezeit die Symptome verschwinden. Die Ursachen sind uneinheitlich und stehen im Zusammenhang mit dem Dialysevorgang selbst, v. a. mit den Verschiebungen von Volumen, Mineralien (Kalium, Natrium), Harnstoff und Säure-Basen-Valenzen vom Zellinnenraum in den Zellaußenraum und von dort in die Blutzirkulation und in das Dialysat.

Apparative Störungen des Dialyseablaufes

Mögliche apparative Störungen des Dialyseablaufes betreffen die Wasseraufbereitung, einen Stromausfall, die Herstellung der Dialysierflüssigkeit und Probleme im blutführenden System. Mit detaillierten Angaben sollten Sie nicht belastet werden, weil jede Dialysemaschine, unabhängig vom Hersteller, ein empfindliches Überwachungs- und Erkennungssystem besitzt. Störungen aller Art werden durch hörbare (Ton) oder sichtbare (Aufblinken) Signale dem Dialysepersonal mitgeteilt, so daß Störungen umgehend beseitigt werden können. Dazu gehören Probleme bezüglich der Dialysierflüssigkeit (fehlende Bereitstellung, falsche Zusammensetzung oder Temperatur, Störungen im Unterdrucksystem) oder im blutführenden System (verminderter Blutfluß, ein Defekt im Blutschlauchsystem oder in der Dialysemembran, Eintritt von Luft, abgeknickter Blutschlauch).

4.4.8 Medikamentöse Therapie

Die Nieren und die Leber sind die wichtigsten Ausscheidungsorgane für eingenommene Medikamente und deren Stoffwechselprodukte. Mit Fortschreiten des Nierenversagens entfällt die Niere als Ausscheidungsorgan. Gleichzeitig steigt die Zahl der Begleit- und Folgekrankheiten mit der Notwendigkeit der Verordnung einer Vielzahl von Medikamenten. Damit wird verständlich, daß jede unkontrollierte Einnahme von Medikamenten schwere zusätzliche Schäden hervorrufen kann. Nierenkranke sollen deshalb nur Medikamente in Absprache mit dem behandelnden Nephrologen einnehmen.

Bestandteil der individuellen medikamentösen Therapie ist deshalb die Aufklärung des Patienten, weshalb die Einnahme bestimmter Medikamente erforderlich ist. Eine Dialysebehandlung kann die ausgefallene Funktion der Niere nicht komplett ersetzen, so daß gewisse Reststörungen vorhanden sind. Zum anderen ist über die Dialysemembran mit einem Verlust von körpereigenen physiologischen Stoffen, zum Beispiel Vitaminen, zu rechnen. Es ist in diesem Rahmen weder möglich, noch soll es das Anliegen sein, die gesamte Palette der infrage kommenden Medikamente darzustellen. In Abhängigkeit von der Grunderkrankung und auftretenden Komplikationen kann bei jedem Patienten die Behandlung variieren. Deshalb sollen hier nur spezielle Arzneimittel angesprochen werden, die Dialysepatienten im Verlauf ihrer Behandlung verordnet bekommen.

Grundsätze:

- **Korrekte Befolgung der Anweisungen des behandelnden Arztes bezüglich Dosierung und Zeitpunkt der Einnahme;**
- **keine eigenmächtige Medikamenteneinnahme.**

Phosphatbinder: Da während der Dialyse nur etwa 400 mg Phosphor entfernt werden können (das entspricht einem Drittel der täglich erlaubten Phosphormenge von 800–1200 mg), ist es zur Vermeidung eines überhöhten Phosphatspiegels im Blutserum erforderlich, Medikamente zu verordnen, die die Aufnahme von Phosphat im Magen-Darm-Trakt vermindern. Heute werden dazu üblicherweise Kalziumverbindungen (Kalziumkarbonat, Kalziumazetat, Kalziumketoglutarat) eingesetzt, um die Gefahr einer Aluminiumbelastung zu vermeiden, die durch das früher übliche Aluminiumhydroxyd (Antiphosphat, Phosphonorm) bestand. Phosphatbinder sind prinzipiell während der Mahlzeit einzunehmen. So wird das mit der Nahrung zugeführte Phosphat im Darm gebunden und mit dem Stuhl ausgeschieden.

Phosphatbinder dürfen nicht zusammen mit anderen Medikamenten eingenommen werden, da sie deren Aufnahme im Darm behindern.

Die Senkung des Phosphatspiegels unter 1,8 mmol/l dient der Verhinderung einer Überfunktion der Nebenschilddrüsen (sekundärer Hyperparathyreoidismus). Das Produkt aus Kalzium und Phosphat im Serum soll unter 5,5 mmol/l liegen, um so die Entwicklung von Gefäß- und Gewebeverkalkungen zu verhindern.

Kaliumbinder (z. B. Kalzium-Resonium): Dabei handelt es sich um sogenannte Ionenaustauscher, die im Darm das Kalium aus der Nahrung binden und dafür Kalzium abgeben. Präparate, die anstelle von Kalzium Natrium austauschen, sind nur bei Patienten ohne Hypertonie erlaubt.

Vitaminpräparate (z. B. Dreisavit): Aufgrund des niedrigen Molekulargewichts und der fehlenden Eiweißbindung werden wasserlösliche Vitamine zwangsläufig während der Dialysebehandlung aus dem Blut entfernt. Diese Vitaminverluste betreffen die Vitamine der B-Gruppe, Folsäure und Vitamin C. Um Folgen dieses Mangels (z. B. Hautprobleme, Zahnfleischblutungen, Störungen der Blutbildung) zu verhindern, ist die Einnahme wasserlöslicher Vitamine erforderlich. In der Regel reicht es aus, ein speziell für Dialysepatienten entwickeltes Präparat einzunehmen (z. B. Dreisavit, 1 Tbl. am Dialysetag nach der Dialyse). Fettlösliche Vitamine (A, D, E, K) werden dagegen bei der Dialyse nicht entfernt. Ihre mögliche Anhäufung im Blut kann für den Dialysepatienten schädlich sein. So dürfen zum Beispiel Vitamin A, E und K nur nach Rücksprache mit dem Dialysearzt eingenommen werden. Auf das Vitamin D wird nachfolgend gesondert eingegangen.

Vitamin D: Vitamin D entsteht durch UV-Bestrahlung in der Haut oder wird mit der Nahrung aufgenommen. In der Leber erfolgt eine weitere Umwandlung, und in der Niere wird es schließlich zum aktiven Vitamin D umgesetzt. Die Folge eines Nierenversagens ist eine erniedrigte Serumkonzentration dieses biologisch hochaktiven Vitamins. Vitamin-D-Rezeptoren findet man z. B. im Darm, im Knochen, in der Nebenschilddrüse, in den Nieren, der Muskulatur, der Haut, in blutbildenden Zellen und in der Bauchspeicheldrüse. Bei Vitamin-D-Mangel können also viele Organstörungen auftreten.

Die für den Dialysepatienten wichtigsten Präparate sind das 25 Vitamin D (Dekristol) mit einer langen Wirkung von 2–3 Wochen und das 1.25-Vitamin-D-Hormon (Rocaltrol) mit einer kürzeren Wirkung von nur 2–3 Tagen. Welches Präparat erforderlich ist und welche Dosierung man wählt, hängt von den aktuellen Blutspiegeln von Vitamin D und dem Hormon aus der Nebenschilddrüse (Parathormon = PTH) ab.

Liegt keine nennenswerte Überfunktion der Nebenschilddrüse vor (PTH < 20 pmol/l), werden in der Regel täglich kleine Dosen von Rocaltrol verordnet. Steht eine Überfunktion der Nebenschilddrüse im Vordergrund mit PTH > 20 pmol/l, wird heute die Rocaltrol-Stoßtherapie mit 2 abendlichen Dosierungen/Woche empfohlen. Gelingt es nicht, innerhalb von 3 Monaten die überschießende Hormonproduktion der Nebenschilddrüsen zu beeinflussen, ist eine chirurgische Entfernung der Nebenschilddrüsen erforderlich.

Erythropoietin (EPO): Bis auf Patienten mit Zystennieren entwickeln nahezu alle Nierenkranken eine Blutarmut (Anämie), die mit Verschlechterung der Nierenfunktion zunimmt und bei Dialysepatienten am stärksten ausgeprägt ist. Der rote Blutfarbstoff (Hämoglobin) und der Anteil des Volumens aller roten Blutkörperchen am Gesamtblut (Hämatokrit) sind vermindert. Dieser Hämatokritwert liegt bei Dialysepatienten unter 25 % (bei Gesunden zwischen 37 und 48 %). Hauptursache der Anämie ist ein Mangel an Erythropoietin, einem Hormon, das in der Niere gebildet wird und bei fortschreitendem Nierenversagen nicht mehr ausreichend zur Verfügung steht. Mit dem gentechnisch hergestellten Hormon Erythropoietin ist es heute möglich, die natürliche Bildung der roten Blutkörperchen im Knochenmark so anzuregen, daß eine deutliche Besserung der Blutwerte erreicht werden kann. Erythropoietin wird 1- bis 3mal in der Woche unter die Haut oder in die Vene verabreicht. Das Behandlungsziel besteht darin, einen Hämatokritwert von 30–35 % zu erreichen und aufrechtzuerhalten. Bei vorübergehendem oder sich unter der Therapie entwickelndem Eisenmangel muß eine Eisenbehandlung erfolgen. Da sich mit steigendem Hämatokritwert die Fließeigenschaften des Blutes verschlechtern und damit die Gefahr eines Fistelverschlusses wächst, sollte bei Dialysepatienten ein Wert von 35 % nicht überschritten werden. Bluttransfusionen sind durch den Einsatz von Erythropoietin heute selten erforderlich.

Blutdrucksenkende Medikamente (Antihypertensiva): Bei vielen Dialysepatienten gelingt es, durch salzarme Diät, Senkung des Trokkengewichtes, möglichst geringer Gewichtszunahme zwischen den Dialysen (zu erreichen durch Disziplin in der Flüssigkeitszufuhr) und Änderung der Natriumkonzentration im Dialysekonzentrat den Blutdruck in normale Bereiche zu bringen. In vielen Fällen ist eine medikamentöse Therapie erforderlich. Die Auswahl des blutdrucksenkenden Medikamentes oder entsprechender Arzneimittelkombinationen hängt von der Grunderkrankung und den Begleiterkrankungen ab. **Die Mitarbeit des Patienten (gute Dokumentation der Blutdruckwerte unter häuslichen Bedingungen, Blutdruckselbstkontrolle, korrekte Medikamenteneinnahme) ist ein wesentlicher Bestandteil für den Therapieerfolg. Nur in wenigen Fällen ist eine operative Nierenentfernung zur Beeinflussung des Bluthochdrucks erforderlich.**

4.5 Das Leben zwischen den Dialysen

4.5.1 Ernährung

Das Ziel der Diät bei Dialysepatienten ist die Verbesserung des Wohlbefindens durch richtige und angepaßte Ernährung. Im Stadium des chronischen Nierenversagens ohne Dialysebehandlung steht die eiweißverminderte Kost im Mittelpunkt. Mit Beginn der

Dialysebehandlung kann die Diät lockerer gestaltet werden. Eine Fehl- oder Unterernährung führt zu erhöhter Infektanfälligkeit, schlechter Rehabilitation, verzögerter Wundheilung, Unwohlsein und Ermüdung. Regelmäßige Kontrollen des Ernährungsstatus lassen eine Fehlernährung rechtzeitig erkennen und behandeln.

Betrachten Sie die erlaubte Ernährungsweise unter Dialysebedingungen nicht als Last, sondern als bewußte Ernährung und somit als Ihren Beitrag zur Behandlung, den Sie zu Hause leisten können.

Eine strenge und einheitliche Diät für den Dialysepatienten (Hämodialyse, CAPD) gibt es nicht. Das Allgemeinbefinden und der Verlauf der Dialyse werden jedoch wesentlich verbessert und problemloser, wenn einige Grundregeln beherzigt werden.

Das persönliche Gespräch mit einer Diätassistentin ist wünschenswert.

Energiezufuhr: Eine ausreichende Energiezufuhr von 35–45 kcal pro kg KG pro Tag gehört zu den wichtigsten Maßnahmen, vor allem, um einem Abbau körpereigener Zellen vorzubeugen. Zur Deckung dieses Energiebedarfes werden empfohlen:

- Haushaltszucker, Traubenzucker, Bienenhonig; Süßspeisen: Götterspeise, rote Grütze, Pudding (mit Sahne zubereitet); Gebäck und nicht zu trockene Kuchen; Brot, Brötchen, Teigwaren;
- bei Appetitlosigkeit Malto-dextrin 19;
- reichliche Fettzufuhr von vorwiegend pflanzlichen Fetten mit einem hohen Anteil an mehrfach ungesättigten Fettsäuren;
- Margarine: z. B. Becel, Vitazell;
- Öle: Sonnenblumenöl, Distelfärberöl, Sojaöl, Olivenöl, Maiskeimöl.

Eiweiß: Die optimale Zufuhr von Eiweiß mit der Nahrung ist bei Dialysepatienten unerläßlich. Eine zu geringe Eiweißzufuhr führt zum Abbau der körpereigenen Muskulatur. Wird zuviel Eiweiß gegessen, steigt vor allem Harnstoff im Blut an. Die Eiweißzufuhr sollte für Hämodialysepatienten 1,0–1,2 g pro kg Körpergewicht pro Tag, für Bauchfelldialysepatienten 1,2–1,5 g pro kg Körpergewicht pro Tag betragen. Mit dieser Empfehlung werden die Verluste von Eiweißen und Aminosäuren (die Bausteine der Eiweißstoffe), die über die Dialysemembran oder das Bauchfell entstehen, ohne größere Belastung des Eiweißstoffwechsels ausgeglichen.

Als Faustregel kann man sich merken, daß 100 g Fleisch zwischen 14 und 22 g Eiweiß enthalten, während der Eiweißgehalt von 100 g Brot, Kartoffeln und den meisten Gemüsearten 5–8 g beträgt.

Von der Gesamteiweißzufuhr sollten 2/3 als biologisch hochwertiges Eiweiß aufgenommen werden. Ein hochwertiges Eiweiß (etwa Eiereiweiß) kann fast vollständig in Körpereiweiß umgewandelt werden. Für das in Linsen oder Brot enthaltene Eiweiß trifft dies nur zu 50 % zu. In der nachfolgenden Tabelle ist die biologische Wertigkeit des Eiweißes in einigen wichtigen Nahrungsmitteln exemplarisch zusammengestellt (Tab. 2).

Tab. 2: Biologische Wertigkeit von Eiweiß in verschiedenen Nahrungsmitteln

Nahrungsmittel	Biologische Wertigkeit
Ei	95 %
Fisch, Fleisch	ca. 70–90 %
Reis	ca. 77 %
Kuhmilch	75 %
Kartoffeln, Brot	ca. 50–70 %
Linsen, Bohnen	ca. 40–50 %

Die biologische Wertigkeit des Eiweißes in gewöhnlicher Mischkost liegt bei etwa 80 %, bei überwiegender Ernährung mit Getreideprodukten und Gemüse bei 70 %.

Fett: Der Fettanteil in der Nahrung sollte 30–40 % der Gesamtenergie liefern. Da Fette verhältnismäßig wenig Kalium und Phosphor enthalten, haben sie für den Dialysepatienten als Hauptenergielieferant Vorteile gegenüber den Kohlenhydraten. Allerdings ist wegen der häufig zu beobachtenden erhöhten Blutfettwerte bei Dialysepatienten eine Reduktion der Cholesterinzufuhr erforderlich. Konkret bedeutet das, die Zufuhr von tierischen Fetten (Speck, Butter, Schmalz, Schmand) zu reduzieren und den Vorzug den pflanzlichen Fetten mit einem hohen Anteil an sogenannten mehrfach ungesättigten Fettsäuren zu geben. Ab 50 % Anteil an mehrfach ungesättigten Fettsäuren spricht man von einem qualitativ hochwertigen Pflanzenöl! (Achtung, auf das Etikett schauen). Besonders wertvoll sind neben den o. g. Ölen die kalt gepreßten Sonnenblumen- und Olivenöle mit bis zu 90 % Anteil an mehrfach ungesättigten Fettsäuren. Diese sind aber nur geeignet für die kalte Küche.

Ein großer Teil der CAPD-Patienten weist nach mehrjähriger Behandlung durch die tägliche Aufnahme von Glukose aus der Dialysierflüssigkeit eine Erhöhung von Blutfetten (Triglyceriden) auf. Es gibt Bemühungen, Glukose durch andere Substanzen zu ersetzen.

Kalium: Um hohe Kaliumwerte im Blut zu vermeiden, sollte der Dialysepatient nicht mehr als 1500 bis 2000 mg Kalium pro Tag zu sich nehmen. Zur Behandlung von hohen Kaliumwerten im Blut muß die Kaliumzufuhr auf 1200–1500 mg pro Tag reduziert werden. Ein Blutkaliumwert über 7 mmol/l kann ohne Vorwarnung zu einer Herzrhythmusstörung führen. Es hat sich daher als günstig erwiesen, den Verzehr besonders kaliumreicher Nahrungsmittel einzuschränken.

Dazu gehören:

- **Frischgemüse (Spinat, Grünkohl), Tomatenmark und Tomatenketchup, Hülsenfrüchte;**
- **Frischobst (Bananen!), konzentrierte Obst- und Gemüsesäfte;**
- **Trockenobst (Datteln, Feigen, Rosinen);**
- **Kartoffeln und deren Trockenprodukte;**
- **Nüsse, Kakaoprodukte, Vollkornprodukte.**

Entgegen der herkömmlichen Ernährungsempfehlungen sollten Dialysepatienten zur Verminderung der Kaliumaufnahme spezielle küchentechnische Maßnahmen anwenden.

So kann durch Wässern von Kartoffeln oder Gemüse der Kaliumgehalt bis auf 30 % des ursprünglichen Wertes gesenkt werden. Obst- und Gemüsekonserven haben einen wesentlich geringeren Kaliumgehalt als Frischprodukte.

(Bei den heute verwendeten Weißblechdosen besteht keine Gefahr einer erhöhten Aluminiumbelastung!)

Natrium: Die Natriumzufuhr richtet sich nach dem Serumnatrium, dem Blutdruck und der Gewichtszunahme zwischen den Dialysen. Kochsalzreiche Nahrungsmittel sollten auch deshalb vermieden werden, weil sie zu übermäßigem Trinken verleiten.

Von natriumarmer Kost spricht man, wenn die Aufnahme von 5 bis 6 g Kochsalz pro Tag nicht überschritten wird. Grundsätzlich sollten die Dialysepatienten darauf hingewiesen werden, keine Kochsalzersatzmittel zu verwenden, die Kaliumchlorid enthalten.

Dies gilt auch für salzarme Produkte, denen Kaliumchlorid als Kochsalzersatz zugeführt wurde.

Kalzium: Dialysepatienten haben vor allem wegen des bestehenden Vitamin-D-Mangels einen erhöhten Kalziumbedarf (1000–2000 mg/Tag). Bei der Verordnung von Kalziumphosphatbindern (Kalziumkarbonat, Kalziumacetat u. a.) besteht allerdings die Neigung zu erhöhtem Kalziumspiegel im Blut (über 2,8 mmol/l). Eine strenge Kontrolle der Kalzium- und Phosphatwerte im Serum ist notwendig, um ein Überschreiten des Kalziumphosphatproduktes über 5,5 mmol/l und damit die Entwicklung von Weichteil- und Gefäßverkalkungen zu verhindern.

Phosphor: Eine Einschränkung der Phosphatzufuhr ist bei fast allen Dialysepatienten wichtig, um Knochenerkrankungen oder Verkalkungen in Weichteilen oder Gelenken zu vermeiden. Erlaubt sind maximal 800–1200 mg Phosphor täglich. Da der Dialysepatient gleichzeitig 1,2 g Eiweiß/kg/Tag zu sich nehmen soll, ist diese Einschränkung kaum zu realisieren. Entscheidend ist, den Verzehr phosphorreicher Nahrungsmittel wie Milch, Milchprodukte, Schmelz- und Hartkäse, einige Fischarten, Fleisch in größeren Mengen, Innereien, Nüsse, Kakaoprodukte und Vollkornprodukte (Müsli, Haferflocken) einzuschränken.

Achten Sie bitte beim Einkauf von Fertigprodukten (insbesondere abgepackte Wurst-und Fleischwaren aus der Kühltruhe) auf das Zutatenverzeichnis auf der Verpackung, da in der Nahrungsmittelindustrie sehr häufig Phosphat als Zusatzstoff eingesetzt wird.

Phosphathaltige Zusatzstoffe erkennen Sie an dem Aufdruck einer sogenannten „Schlüsselnummer“:

zum Beispiel:

E 322	(Lecithin)
E 338	(Ortho**phosphat**säure)
E 339	(Natriummono**phosphat**)
E 340	(Kaliummono**phosphat**)
E 341	(Kalziummono**phosphat**)
E 343	(Magnesiummortho**phosphat**)
E 450a	(Di**phosphat**)
E 450b	(Tri**phosphat**)
E 450c	(Poly**phosphat**)
E 540	(Dikalziumdi**phosphat**)
E 543	(Kalziumnatriumpoly**phosphat**)
E 544	(Kalziumpoly**phosphat**)

Besonders häufig sind diese Stoffe Cola, Kondensmilch, Wurstwaren und Schmelzkäse zugesetzt. Auskünfte, einschließlich entsprechender Tabellen erhalten Sie über die „Deutsche Bundeszentrale für gesundheitliche Aufklärung“ in Bonn.

Meist ist zur Kontrolle des Phosphatspiegels im Blut die Einnahme von Phosphatbindern erforderlich, da diätetische Maßnahmen allein unzureichend sind.

Vitamine: Bei Dialysepatienten ist mit einer Unterversorgung an einigen Vitaminen der B-Gruppe, Folsäure und Vitamin C zu rechnen. Der Bedarf kann bei Peritonealdialysepatienten noch höher liegen. Die Verordnung von 1 Tablette DreisavitR an den Dialysetagen ist ausreichend. Sie enthält 30 mg Vitamin B_1, 8 mg Vitamin B_2, 10 mg Vitamin B_6, 0,5 mg Folsäure und 50 mg Vitamin C.

Die fettlöslichen Vitamine A und K müssen nicht ersetzt werden. Vitamin E kann bei Fettstoffwechselstörungen verordnet werden.

Flüssigkeit: Die tägliche Flüssigkeitszufuhr wird durch die noch vorhandene Ausscheidung von Urin bestimmt. Zu berücksichtigen ist, daß der Mensch am Tag ca. 500–800 ml (10 ml pro kg Körperflüssigkeit) Flüssigkeit über die Haut, durch die Atmung

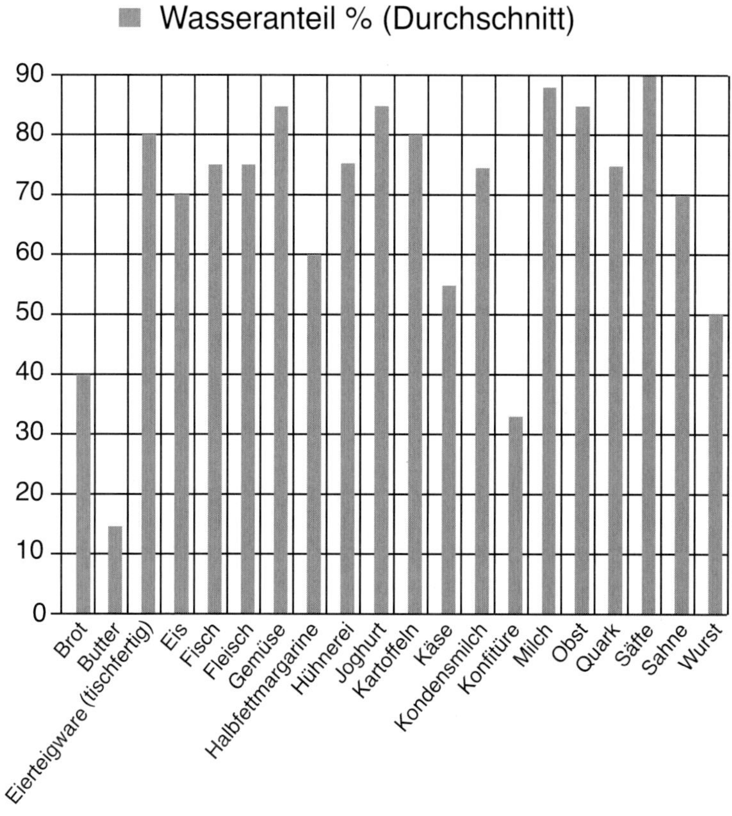

Abb. 9: Wasseranteil von Nahrungsmitteln

und mit dem Stuhlgang verliert. **Daraus ergibt sich als Grundregel für die erlaubte tägliche Flüssigkeitszufuhr: Urinmenge vom Vortag + 500 ml Flüssigkeit.** Je weniger Flüssigkeit an den dialysefreien Tagen eingelagert wird, um so verträglicher und komplikationsfreier ist die Dialyse. Beträgt also beispielsweise die Urinausscheidung nur noch 0,5 Liter am Tag, darf nicht mehr als 1 Liter Flüssigkeit zugeführt werden. Man sollte das Wort „Flüssigkeit" und nicht „Trinken" benutzen, da viele Nahrungsmittel einen hohen Flüssigkeitsanteil aufweisen, den man auch berücksichtigen muß. Die Abbildung 9 zeigt einige Beispiele für den Flüssigkeitsgehalt von Nahrungsmitteln.

Das Durstgefühl kann durch Erreichen des optimalen Körpergewichts (Sollgewicht) und Vermeidung zu hoher Natriumkonzentrationen in der Dialysierflüssigkeit reduziert werden. Die Kontrolle der Flüssigkeitszufuhr ist jedoch die Aufgabe eines jeden Patienten selbst.

Dazu einige Empfehlungen:

- Bevorzugen Sie salzarme und wenig gesüßte Nahrungs- und Würzmittel, um das Durstgefühl nicht durch zu hohe Salz- oder Zuckerzufuhr zu steigern!
- Trinken Sie besonnen und langsam, v. a. wenig aromatische Getränke!
- Benutzen Sie nur kleine Trinkgefäße!
- Trinken Sie nicht unkontrolliert, sondern notieren Sie, wieviel Flüssigkeit Sie schon zu sich genommen haben!
- Denken Sie an die versteckte Flüssigkeit in den Nahrungsmitteln! Generell kann man sagen, daß etwa 60 % der verzehrten Durchschnittskost aus Wasser besteht.

Was sind ideale Durstlöscher?

- das Kauen von Kaugummi;
- die Zufuhr von sauren Produkten in jeder Form (saure Bonbons ohne Zucker, ein paar Spritzer Zitronensaft, in Essig eingelegtes Gemüse);
- ein Schluck Mineralwasser, Mundspülungen;
- Lutschen von Eiswürfeln und Würfeln von eingefrorenem Bohnenkaffee und gefrorenem Zitronenwasser.

Jeder Dialysepatient sollte eine Personenwaage besitzen, um sich täglich zu wiegen. Die tägliche Gewichtszunahme, hervorgerufen durch Wassereinlagerung, sollte nicht mehr als 500–1000 g betragen.

Autogenes Training kann bei der Bewältigung dieser Problematik hilfreich sein.

Grundregeln der Ernährung:

- Meiden Sie „getrocknete“ und „trockene“ Nahrungsmittel!

- Trockenobst (Backpflaumen, Aprikosen, Rosinen, Datteln, Feigen),
- „getrocknete" Nahrungsmittel (Trockenpilze, Nüsse),
- Kakaopulver, auch Kakaoprodukte, wie Schokolade, Fleischextrakte,
- Kleie,
- Trockenprodukte aus Kartoffeln (Knödel, Kroketten, Puffer, Chips),
- Pulverkaffee, Trockenmilchpulver.

Diese Nahrungsmittel enthalten extrem viel Kalium!

- Wässern Sie die Kartoffeln vor dem Verzehr! (Kartoffeln schon einige Stunden vor dem Essen oder am Vortag schälen, kleinschneiden und in warmen Wasser, das mehrfach erneuert werden sollte, wässern)!

- Verwenden Sie kein Diätsalz!

- Bevorzugen Sie Gemüse und Obst aus Dosen oder Tiefkühlkost, da diese im Vergleich zu Frischgemüse bedeutend weniger Kalium enthalten!

- Verwenden Sie vielfältige Gewürze zur Geschmacksverbesserung Ihrer Speisen! Diese enthalten zwar teilweise sehr viel Kalium, aber Sie benutzen ja stets nur kleine Mengen.

- Beachten Sie beim Studium von Diättabellen, daß der Gehalt an Inhaltsstoffen üblicherweise pro 100 g angegeben ist!
  Z. B. 100 g Spinat enthalten 600 mg Kalium, aber für eine Mahlzeit benötigt man 400–500 g.

  100 g Bohnenkaffee enthalten 900 mg Kalium, aber für eine Tasse werden nur 7 g benötigt.

- Finden Sie Ihren eigenen Weg, mit dem Ernährungsproblem umzugehen! Suchen Sie das Gespräch mit dem Arzt, dem Pflegepersonal, der Diätassistentin und studieren Sie Diättabellen.

- Meiden Sie wegen der Gefahr einer Aluminiumüberladung des Körpers Nahrungsmittel mit hohem Aluminiumgehalt wie Erbsen, Spinat, Champignons und grüne Bohnen sowie in Alu-Folie verpackte Nahrungsmittel.

Wenn Sie diszipliniert diese Grundregeln bei der Ernährung beachten, braucht Ihre Diät keine Last zu werden. Bald werden Sie merken, daß die Einhaltung von Ernährungsrichtlinien die Lebensqualität mitbestimmt und auch wesentlich zur Verträglichkeit der Dialysebehandlung beiträgt.

4.5.2 Psychische Probleme

Die Dialysebehandlung bedeutet für Sie einen erheblichen Eingriff in Ihr bisheriges Leben. Verbunden damit sind eine ständige Behandlungsnotwendigkeit, Änderungen sozialer Bindungen, Zukunftsunsicherheit und in den meisten Fällen zwangsläufige Veränderungen im Berufsleben.

Die Betreuung des chronischen Dialysepatienten erfordert eine umfassende Aufklärung über dessen veränderte Lebenssituation durch das Dialysepersonal. So kann seine Bereitschaft gestärkt werden, einen neuen Lebensrhythmus mit unabänderlichen Behandlungsprinzipien zu akzeptieren.

Mit der Dialysebehandlung beginnt für den Patienten eine ungewohnte Abhängigkeit von der Dialysemaschine und vom Pflegepersonal, sowie eine veränderte Beziehung zu dem Ehepartner und den Familienmitgliedern. Die Auswirkungen dieser Veränderungen sind für jeden Menschen verschieden. Sie werden durch das Behandlungsverfahren geprägt und sind von der Persönlichkeitsstruktur des Patienten sowie vom Ausmaß sekundärer Komplikationen (Herzkreislaufversagen, Osteopathie, Infektanfälligkeit) abhängig. Die Notwendigkeit einer regelmäßigen Dialysebehandlung, Beschränkungen bei der Nahrungsaufnahme, der Zwang zur kontinuierlichen Medikamenteneinnahme, Einschränkung der körperlichen Leistungsfähigkeit sowie Beeinträchtigungen körperlicher Funktionen einschließlich Störungen im Sexualleben führen zwangsläufig zu Problemen und seelischen Konflikten.

Die psychische Belastung des Dialysepatienten vollzieht sich in mehreren Phasen. Mit dem Beginn der Dialysebehandlung führt die Verbesserung der urämischen Stoffwechselsituation auch zu einer Änderung seines Stimmungsbildes. Der Patient paßt sich prinzipiell der neuen Lebenssituation an, lernt aber auch bald die Grenzen des Behandlungsverfahrens kennen. Komplikationen im Krankheitsverlauf oder Störungen im Rahmen der Dialysetherapie bringen Konflikte mit sich. Manche Patienten reagieren mit Trotz und Abwehr, andere verbreiten einen grenzenlosen Optimismus, um sich gegenüber den medizinischen und sozialen Problemen abzuschirmen. Erst im Verlauf von Monaten oder Jahren erreichen Dialysepatienten einen Zustand seelischer Stabilität. In dieser Phase kann mit ihnen dann ohne Angst vor depressiver Verstimmung über alle Probleme gesprochen werden.

4.5.3 Physische Situation

Körperliches Training führt bei den meisten Menschen zu einer erhöhten Leistungsfähigkeit, zu einem verringerten Herzkreislaufrisiko und zu einer verbesserten psychischen Verfassung. Das gilt auch für den dialysepflichtigen Patienten. Die physische Leistungsfähigkeit von Dialysepatienten wird zwischen 45 % und 70 % der altersbezogenen Leistung Gesunder angegeben. Die Minderung der Leistungsfähigkeit hat bei ihm sowohl objektive als auch subjektive Ursachen.

Zu den *objektiven* (krankheitsbedingten) Beeinträchtigungen der Leistungsfähigkeit gehören die Blutarmut (Anämie), die Herabsetzung der Muskelkraft (Myopathie), die Störungen des Knochenstoffwechsels (Osteopathie), eine Beeinträchtigung des Nervensystems (Neuropathie) und eine Herzmuskelschwäche (Herzinsuffizienz).

Zu den *subjektiven* (patientenbezogenen) Ursachen der physischen Leistungsminderung gehören ein gestörtes kooperatives Verhalten der Patienten, Inaktivität durch fehlende sportliche Motivation und die Angst vor Komplikationen wie Fistelverletzungen. Dadurch kommt es zu einer weiteren Verminderung der Muskelkraft.

Es ist deshalb nicht verwunderlich, daß aufgrund der genannten objektiven und subjektiven Ursachen einer Leistungsminderung viele Patienten nicht nach Arbeit suchen, oder unfähig sind zu arbeiten. Sie sind einfach nicht in der Lage, die erforderliche Energie für solche Aktivitäten aufzubringen. Eine erfolgreiche Nierentransplantation könnte die Leistungsfähigkeit annähernd auf Normalwerte für gesunde Personen mit vorwiegend sitzender Tätigkeit bringen. Aber auch die Verabreichung von Erythropoietin (s. Kap. 4.4.8) erhöht die körperliche Leistungsfähigkeit von Dialysepatienten. Wird die Therapie mit Erythropoietin durch ein konsequentes Training unterstützt, ist der Erfolg sogar ähnlich dem von transplantierten Patienten.

Ärzte, Pflegepersonal, Angehörige und Freunde sollten die Patienten ermutigen und darin bestärken, ihre physische Aktivität zu erhöhen und damit ihre Leistungsfähigkeit zu optimieren. Dabei müssen Schwierigkeitsgrad und Intensität der sportlichen Übungen der Leistungsfähigkeit der einzelnen Personen angepaßt werden. Auch nur gering belastbare ältere Personen können unter dieser Voraussetzungen in einer Gruppe Sport treiben.

Tauglichkeitsuntersuchungen für das Training

Die Kenntnis der Grundkrankheiten und ihre Folgeerscheinungen entbinden den Arzt nicht, vor Beginn des regelmäßigen sportlichen Trainings eine Tauglichkeitsuntersuchung durchzuführen, um sich über den allgemeinen gesundheitlichen Zustand des Patienten zu informieren. Patienten mit den nachfolgend aufgeführten Erkrankungen dürfen nicht in das Sportprogramm einbezogen werden:

- Herzmuskelschwäche,
- Angina pectoris,
- Herzrhythmusstörungen,
- medikamentös nicht zu beeinflussender Bluthochdruck,
- schwere Herzklappenfehler,
- ausgeprägte Knochenstoffwechselstörungen,
- wiederholte Kaliumwerte im Blut über 6 mmol/l.

Warum soll trainiert werden?

Das Hauptziel ist die Steigerung und Stabilisierung des allgemeinen Wohlbefindens und damit eine Verbesserung der Lebensqualität. Darüber hinaus werden Kontakte unter den Gruppenteilnehmern gefördert (vor allem durch Spiele).

Durch regelmäßige sportliche Aktivitäten sind nachstehende Effekte zu erzielen:

- Steigerung der Muskelkraft,
- Erhöhung der Flexibilität und Koordination,
- Steigerung der allgemeinen körperlichen Leistungsfähigkeit,
- günstiger Einfluß auf den Fett- und Zuckerstoffwechsel,
- Senkung von hohen Blutdruckwerten,
- Verminderung des Knochenabbaus,
- Verbesserung der Konzentrationsfähigkeit,
- Verminderung der Ermüdbarkeit.

Welche Sportarten sind für chronisch Nierenkranke geeignet?

- **Zu empfehlen** sind Gymnastik, Wassergymnastik, Laufen, Radfahren, Schwimmen, Wandern und leichte Bewegungsspiele.

  Heute wird die Meinung vertreten, daß CAPD-Patienten in chlorierten öffentlichen Bädern oder salzhaltigem Meerwasser schwimmen gehen können, wenn Katheter und Kathetereintrittsstelle durch einen wasserdichten Verband (zum Beispiel Tekaderm-Verband) geschützt sind und keine Entzündung an der Katheteraustrittsstelle besteht.

- **Nicht geeignet** sind reguläre Sportspiele (Fußball, Handball, Basketball u. a.), Kampfsportarten und Belastungen mit hohem Krafteinsatz (Liegestütze, Gewichtheben), Sprungbelastungen (Hoch- oder Weitsprung, Trampolinspringen), Spiele und Übungen mit unkontrolliertem Einsatz von Sportgeräten (Stäbe, Stöcke, harte Bälle) und Übungen mit einem sehr schwierigen Bewegungsablauf.

  Patienten, bei denen die Koordination (d. h. das Zusammenspiel von Nerven und Muskeln) infolge einer Nervenstörung beeinträchtigt ist, können nur Übungen mit einfachen Bewegungsabläufen durchführen.

  Patienten mit schweren Knochenstoffwechselstörungen müssen darauf achten, daß das Skelettsystem nicht zu stark belastet wird, da sonst Knochenbrüche auftreten können. Sie sollten möglichst Sportarten ausüben, die Knochen und Gelenke nur gering belasten, wie zum Beispiel Schwimmen oder Radfahren.

Wann und wie oft sollte trainiert werden?

Bei Hämodialysepatienten eignen sich die dialysefreien Tage am besten zu sportlichen Aktivitäten. An diesen Tagen hat sich das Stoffwechselgleichgewicht wieder eingependelt. Um einen positiven und dauernden Trainingseffekt zu erreichen, sollte wie beim Gesunden, das Training regelmäßig erfolgen. Am günstigsten wäre eine tägliche Bewegung über ca. 10–15 Minuten. Bei einem ein- bis zweimaligen wöchentlichen Training von 30–45 Minuten sollte zusätzlich täglich 10 Minuten ein Heimtrainingsprogramm durchgeführt werden.

Wo kann trainiert werden?

Nicht immer kann die eigene körperliche Leistungsfähigkeit und Belastbarkeit richtig eingeschätzt werden. Aus diesem Grunde ist es zweckmäßig, sich einer Sportgruppe anzuschließen, in der die Teilnehmer von einem erfahrenen Sporttherapeuten angeleitet und kontrolliert werden.

Heute wissen wir, daß Trainingsprogramme und Ausdauerübungen für die körperliche Leistungsfähigkeit von Dialysepatienten eine große Bedeutung haben. Das wiedergewonnene Vertrauen in ihre physischen Fähigkeiten und die damit zwangsläufig verbundene bessere Bewältigung von psychologischen Problemen sind die Grundlage dafür, daß diese Patienten alle ihnen zur Verfügung stehenden Möglichkeiten der Rehabilitation intensiver nutzen.

4.5.4 Psychosoziale Aspekte

Verständlicherweise stellen alle Nierenersatzverfahren eine sogenannte Dauerstreßsituation dar. Gründe dafür sind einerseits die Abhängigkeit von Medikamenten, den Maschinen, Dialyseterminen, Laborwerten, Ärzten, Schwestern, Taxifahrern usw. Andererseits besteht Angst vor medizinischen, beruflichen, privaten/familiären und gesellschaftlichen Problemen der Gegenwart und Zukunft. Diese Bewältigungs- und Anpassungsprobleme empfindet der Patient oft als eine Belastung. Die genannten Konflikte können sich in Frustrationen, Depressionen, Aggressionen und Ängsten bis hin zu Selbstmordgedanken äußern; aber auch Hilflosigkeit und Hoffnungslosigkeit sowie Trotz können im Vordergrund stehen.

Ein Behandlungsbeginn wird häufig von gleichlautenden Fragen begleitet:

- Wie wird es mit mir weitergehen?
- Werde ich wieder arbeiten können?
- Ist ein Leben an der Dialyse noch lebenswert?

Hier sind Familie und Freundeskreis im Gespräch gefordert und stellen eine große Hilfe dar. Wenn Angehörige nicht belastet werden sollen oder können, dann sollten Sozialarbeiterinnen und Sozialarbeiter angesprochen werden. Allein das Wissen um Hilfsmöglichkeiten und unterstützende Beratung wirkt häufig entlastend und kann zu Gelassenheit und Zuversicht beitragen. Insgesamt geht es darum, in Gesprächen Wege zu suchen, Probleme zu lösen und sich unter den veränderten Umständen neu zu orientieren.

Eine psychosoziale Betreuung soll dazu beitragen, daß ein Dialysepatient seine Krankheit akzeptiert und lernt damit umzugehen.

Es sollte immer das gemeinsame Bemühen des Arztes, des zuständigen Sozialarbeiters, der verantwortlichen Arbeitsstelle und der Rehabilitationsstelle des Arbeitsamtes sein, Patienten mit einem chronischen Nierenversagen frühzeitig, also noch vor Beginn der notwendigen Dialysebehandlungen individuell aufzuklären und zu beraten. Die Berufstätigkeit für arbeitsfähige Dialysepatienten ist ein erstrebenswertes Ziel, sollte aber nicht über einen gesetzgeberischen Zwang erreicht werden. Das ist nur möglich, wenn zu Fragen der Arbeitsunfähigkeit, Berufsunfähigkeit, Umschulung oder Teilzeitbeschäftigung zwischen Betroffenen und Verantwortung Tragenden das offene Gespräch geführt und Stellung bezogen wird.

So kann beispielsweise einem arbeits- und berufsfähigen Schwerbehinderten mit mehr als 50 % Körperbehinderung aufgrund des gesetzlich fixierten erhöhten Kündigungsschutzes nur mit Zustimmung der Hauptfürsorgestelle gekündigt werden.

Alle Bemühungen sollten darauf gerichtet sein, daß der Dialysepatient trotz Krankheit ein sinnerfülltes und eigenverantwortliches Leben führen kann.

Wie sollten Sie sich dabei verhalten?

- Die Einbeziehung Ihrer Familie ist sehr wichtig, um Verständnis und Akzeptanz für die Krankheit zu erreichen. Aber auch bei der Entscheidung der jeweiligen Therapieform spielt das Umfeld, z. B. der Ehepartner, eine wichtige Rolle. Wenn dieser partnerschaftlich Ängste und Sorgen der Krankheit mitträgt, ist das von unschätzbarem Wert.
- Haben Sie Vertrauen zum Dialysepersonal! Neben der optimalen medizinischen Betreuung ist es für die Ärzte und das Pflegepersonal eine ebenso wichtige Aufgabe und große Herausforderung, aktiv dazu beizutragen, daß der Dialysepatient trotz Krankheit ein sinnerfülltes und eigenverantwortliches Leben führt.
- Je umfangreicher Sie über Ihre Krankheit und das Behandlungsverfahren informiert sind, um so eigenverantwortlicher können Sie handeln. Bei jeder Form der Nierenersatztherapie kann Eigenverantwortlichkeit die Krankheitsbewältigung unterstützen.

4.5.5 Sozialrechtliche Folgen

Gesetzliche Krankenversicherung

Ausführliche Informationen über Leistungen der gesetzlichen Krankenversicherung gibt in jedem Fall Ihre Krankenkasse. Dabei sind folgende Leistungen eingeschlossen:

Fahrtkosten zur Dialyse: Diese muß der Patient bis zur Höhe der Zuzahlungsgrenze selbst tragen. Alle Fahrtkosten, auch Taxikosten (ärztliche Verordnung erforderlich), werden im Rahmen der Härtefallregelung berücksichtigt.

Härtefallregelung: Um unzumutbare finanzielle Belastungen bei Zuzahlungen zu Fahrtkosten, Medikamenten, Heil- und Hilfsmitteln zu vermeiden, wurden Härtefallregelungen eingeführt. Ab 1. Januar 1994 richten sich die Zuzahlungen bei Arznei- und Verbandsmitteln nicht mehr nach dem Preis, sondern nach der Pakkungsgröße. Die Zuzahlung darf nicht höher sein als die Kosten des Mittels.

Eine vollständige Befreiung von Zuzahlungen erhalten Sozialhilfeempfänger, Bezieher von Arbeitslosenhilfe und Bafög-Empfänger sowie Personen, die eine festgelegte Einkommensgrenze nicht überschreiten.

Eine teilweise Befreiung von Zuzahlungen ist möglich, wenn bestimmte Belastungsgrenzen überschritten werden.

Krankengeld: Bei Arbeitsunfähigkeit erhalten Versicherte innerhalb von drei Jahren wegen derselben Krankheit längstens 78 Wochen Krankengeld. Berufstätige Dialysepatienten können an Dialysetagen zum Ausgleich für den Verdienstausfall Krankengeld beziehen.

Wiedereingliederung ins Erwerbsleben: Kann ein Versicherter nach langer Krankheit seine bisherige Tätigkeit teilweise wieder ausüben, ist nach Absprache mit der Krankenkasse und dem Arbeitgeber eine stufenweise Wiedereingliederung möglich.

Schwerpflegebedürftigkeit: Ist diese festgestellt, können bei der Krankenkasse Kosten für eine häusliche Pflegehilfe beantragt werden.

Hier soll kurz das neue Pflegeversicherungsgesetz erwähnt werden. Die neue Pflegeversicherung ist, wie die Kranken- oder Rentenversicherung, auch ein echter Sozialversicherungszweig. Die Leistungen sindVersicherungsleistungen. Es besteht in jedem Falle Anspruch, auch ohne wirtschaftliche Bedürftigkeit. Doch unterscheidet sich die Pflegeversicherung wiederum von der Sozialhilfe, die bisher der wichtigste Träger von Pflegeleistungen war. Anspruch auf Sozialhilfe hatte nur derjenige, der die Pflege nicht aus eigenem Einkommen oder Vermögen finanzieren kann. Wichtig ist, daß auch alle Rentner – unabhängig davon, ob sie pflegebedürftig sind oder nicht – in die Pflegeversicherung mit einbezogen werden. Während nach bisherigem Krankenversicherungsrecht Leistungen erst bei Pflegebedürftigkeit gewährt wurden, sieht das neue Gesetz Ansprüche bereits bei „erheblicher Pflegebedürftigkeit“ vor.

Dabei hat der Gesetzgeber die Art der Hilfe (Körperpflege, Ernährung, Beweglichkeit, hauswirtschaftliche Versorgung) und Intensität der Pflegebedürftigkeit (Pflegestufen I–III) klar definiert. Ein Versicherter, der ausschließlich auf die Betreuung bei der Heim- und Zentrumsdialyse angewiesen ist, erfüllt die genannten Voraussetzungen nicht. Es müssen weitere pflegerische Hilfen notwendig sein, damit Leistungen bezogen werden können. Konkrete Festlegungen in den einzelnen Bundesländern zwischen den Pflegekassen und dem zuständigen Bundesarbeitsministerium sind noch nicht getroffen.

Gesetzliche Rentenversicherung

Altersruhegeld: Altersruhegeld können Patienten mit Schwerbehindertenausweis bereits ab dem 60. Lebensjahr beantragen, sofern sie 35 Versicherungsjahre nachweisen können.

Rentenantrag: Ist durch die Dialysebehandlung nur noch eingeschränkte Berufstätigkeit möglich, kann eine Erwerbs- oder Berufsunfähigkeitsrente beantragt werden.

Schwerbehindertenausweis: Nierenkranke sollten beim zuständigen Versorgungsamt einen Schwerbehindertenausweis als Grundlage für die Inanspruchnahme von Nachteilsausgleichen beantragen. Dialysepatienten erhalten einen Grad der Behinderung von 100 %. Liegen neben der Grunderkrankung weitere gesundheitliche Beeinträchtigungen vor, können zusätzliche Merkzeichen beantragt werden:

G = erhebliche Beeinträchtigung der Bewegungsfähigkeit im Straßenverkehr
aG = außergewöhnliche Gehbehinderung
H = Hilflosigkeit
B = Notwendigkeit für ständige Begleitung
Bl = Blindheit
RF = Befreiung von der Rundfunk- und Fernsehgebührenpflicht

Nachteilsausgleich durch Schwerbehindertenausweis: Dieser Nachteilsausgleich betrifft folgende Situationen:

- Ausbildung/Studium/Beruf,
  Auskünfte gibt das zuständige Arbeitsamt;
- Kraftfahrzeugsteuer- und Versicherung,
  Informationen darüber gibt das zuständige Finanzamt;
- Kündigungsschutz;
- Öffentliche Nahverkehrs/Parkerleichterungen;
- Bahncard für Senioren;
- Steuerfreibeträge,
  Auskünfte erteilt das zuständige Finanzamt;
- Studium;
- Wohnen,
  Auskünfte gibt es in den zuständigen Rathäusern;
- Zusatzurlaub,
  der berufstätige Dialysepatient mit Schwerbehindertenausweis erhält 5 Arbeitstage pro Urlaubsjahr als Zusatzurlaub.

Darüber hinaus kann von Dialysepatienten für die häusliche Versorgung Hilfe durch die ambulanten Dienste in Anspruch genommen werden.

Beim Sozialamt können Sozialhilfe, Pflegegeld, eine Gebührenbefreiung von Rundfunk- und Fernsehgebühren sowie eine Ermäßigung von Telefongebühren beantragt werden.

4.5.6 Sexualität und Kinderwunsch

Gynäkologische Probleme: Hormonelle Störungen bei chronischen Nierenerkrankungen führen zur Änderung des Sexualverhaltens, Zyklusstörungen bis hin zum völligen Ausbleiben der Periode und zu einem erhöhten Risiko für Gebärmutterkrebs.

Bei den meisten Patientinnen ist die Eierstockfunktion nicht beeinträchtigt. Dennoch haben etwa 50 % der Hämodialysepatientinnen keine Periode (Regelblutung) bzw. es laufen Zyklen ohne Eisprung ab. Die Menstruation ist selten und unregelmäßig, allerdings können auch transfusionsbedürftige starke Blutungen auftreten. Die meisten Frauen sind nicht fruchtbar. Eine erfolgreiche Schwangerschaft unter Dialysebedingungen ist eine Seltenheit. Es wird geschätzt, daß nur etwa 20 % aller festgestellten Schwangerschaften unter Dialysebehandlung mit der Geburt eines lebensfähigen Kindes einhergehen. Die mittlere Schwangerschaftsdauer beträgt bei lebensfähigen Kindern etwa 31–33 Wochen.

Die Schwangerschaft bei Patientinnen mit chronischem Nierenversagen ohne und mit Dialysebehandlung ist ein schwerwiegendes, aber durchaus beherrschbares Risiko. Die in der Regel vorzeitig geborenen Kinder sind sehr klein. Bei der Geburt haben sie gleichhohe Harnstoffwerte im Blut wie ihre Mütter. Durch rasch einsetzende Urinproduktion kommt es jedoch sehr schnell zur Normalisierung der Werte. Das größte Risiko für schwangere Patientinnen ist ein deutlicher und nur schwer beeinflußbarer Bluthochdruck.

Dialysepatientinnen mit Menstruationszyklen, die sich keine Kinder wünschen, sollten über die Möglichkeit der Verhütung beraten werden (Pille, Intrauterinpessar, Kondome).

Unregelmäßige Blutungen aus der Gebärmutter können das Zeichen eines Karzinoms sein. Dies betrifft insbesondere Frauen jenseits des 40. Lebensjahrs, bei denen die Blutungen nach längerer Pause wieder einsetzten.

Sexualfunktion bei männlichen Dialysepatienten: Nach bisherigen Untersuchungen sind 20–60 % der männlichen Dialysepatienten in unterschiedlichem Grad impotent. Es wird jedoch angenommen, daß weit mehr Männer betroffen sind.

Männliche Geschlechtshormone (Testosteron) werden vermindert produziert. Es wird weniger Samenflüssigkeit mit einer niedrigen und in ihrer Beweglichkeit eingeschränkten Zahl von Spermien produziert. Dagegen ist die Funktion der Hirnanhangdrüse (Hypophyse) im Gehirn meist nicht beeinträchtigt. Die verminderte Libido, Impotenz und Infertilität (Unfähigkeit, Kinder zu zeugen) sind jedoch nicht allein durch die genannten hormonellen Störungen, sondern auch durch Gefäßveränderungen, Störungen des Nervensystems u. a. bedingt.

Therapeutisch kann eine Testosteronsubstitution und die Verabreichung von Zink bei niedrigen Serumzinkwerten (50 mg Zinkazetat/Tag) erfolgreich sein.

Die **erfolgreiche Nierentransplantation** ist für gynäkologische Probleme bei Frauen und für Sexualstörungen bei Männern das Mittel der Wahl. Frauen bekommen wieder regelmäßig ihre Periode und können gesunde Kinder gebären. Gefährdet ist die Transplantierte jedoch zum Zeitpunkt der Geburt (s. Eismann, „Nierentransplantation. Ein Ratgeber für Patienten und Angehörige").

4.6 Langzeitkomplikationen

Die verschiedenen Formen der Hämodialyse und der Bauchfelldialyse können lediglich Teilfunktionen der Nieren, auf keinem Fall die Gesamtfunktion erfüllen. Je kleiner die Porengröße der Membran, desto mehr Giftstoffe bleiben im Organismus enthalten. Je größer die Porenöffnung (offene Membran, bzw. Highfluxmembran), um so größer ist die Gefahr des Verlustes von physiologischen Substanzen, wie Eiweiße und Hormone.

Harnstoff und Kreatinin im Blut sind nur die Spitze eines Eisberges, unter der sich hunderte von Substanzen befinden, die wir entweder nicht bestimmen können oder nicht kennen. Auch wenn die Werte dieser beiden Stoffe im Blut eine gute Entgiftung signalisieren, können sich langfristig Organstörungen entwickeln. Durch eine angepaßte Lebensweise und ausreichende Dialysebehandlung mit modernen Verfahren lassen sich die Langzeitkomplikationen reduzieren.

Die wichtigsten Parameter für eine individuelle und ausreichende Dialysebehandlung sind schließlich das Wohlbefinden und die Leistungsfähigkeit des Patienten.

4.6.1 Herzkreislaufsystem

Die möglichen Störungen des Herzkreislaufsystems sind nicht immer vorhersehbar und nur zum Teil durch Risikofaktoren ausgelöst. Zu diesen Faktoren gehören der Bluthochdruck, erhöhte Blutfettwerte und das Rauchen. Sie können durch bewußtes Verhalten des Betroffenen beeinflußt werden.

Jedem Dialysepatienten sollten nachfolgend aufgeführte Langzeitkomplikationen des Herzkreislaufsystems bekannt sein.

Hoher Blutdruck (Bluthochdruck oder Hypertonie): Bis zu 80 % der Patienten mit einem chronischen Nierenversagen weisen zu Beginn der Dialysebehandlung einen hohen Blutdruck auf. Der Blutdruck ist erhöht, wenn der obere Wert 160 mmHg und/oder der untere Wert 95 mmHg überschreiten. Erhöhter Blutdruck kann sich durch Kopfschmerzen und Schwindelgefühl äußern. Von vielen Patienten wird er aber nicht bemerkt, so daß erst die Blutdruckmessung den Nachweis erbringt.

Ursache des Bluthochdrucks des Dialysepatienten ist in den meisten Fällen eine Überwässerung des Körpers, der besonders beim Eintritt in das Dialyseprogramm auch mit einer Kochsalzüberladung einhergeht. Daher normalisiert sich der Blutdruck in vielen Fällen nach einigen Wochen der Dialysebehandlung durch den Kochsalzentzug und durch das Einstellen des Optimalgewichtes. Nur bei 5–10 % der Patienten liegt dem Bluthochdruck die Bildung des blutdrucksteigernden Hormons Renin in den erkrankten Nieren zugrunde.

Maßnahmen:

- Isolierte oder dialysebegleitende Ultrafiltration zum Erreichen des Optimalgewichtes;
- kochsalzarme Diät bis zu 6 g Kochsalz täglich;
- möglichst geringe Gewichtszunahmen von maximal 3 % des Optimalgewichtes zwischen den Dialysen.

Reichen diese Maßnahmen nicht aus, müssen blutdrucksenkende Medikamente eingesetzt werden.

Die Entfernung der Nieren wird erst erforderlich, wenn sich bei Ausschöpfung aller medikamentösen Möglichkeiten keine ausreichende Blutdrucksenkung erreichen läßt.

Abschließend sei noch einmal auf die Notwendigkeit einer mehrmaligen täglichen Blutdruckmessung durch den Patienten hingewiesen. Eine exakte Protokollierung ist die Voraussetzung für eine optimale Blutdruckeinstellung.

Niedriger Blutdruck (Hypotonie): Wie bereits erwähnt, wird ein Blutdruckabfall während der Dialyse am häufigsten durch übermäßige Ultrafiltration hervorgerufen.

Zunehmend häufiger wird bei langjährigen Dialysepatienten ein niedriger Blutdruck ohne erkennbare Ursache beobachtet. Oft sind es Patienten, die trotz Überschreiten ihres Optimalgewichtes zur Hypotonie neigen. Wenn Behandlungsmaßnahmen, wie Erhöhungen der Natriumkonzentration in der Dialysierflüssigkeit, der Einsatz verschiedener Ultrafiltrationsprofile oder eine medikamentöse Behandlung nicht erfolgreich sind, sollte eine Umstellung auf andere Blutreinigungsverfahren (Hämofiltration, Bauchfelldialyse) erfolgen.

Verkalkungen der Gefäße (Arteriosklerose): Die arteriosklerotischen Veränderungen der Blutgefäße sind Folge eines jahrelangen Prozesses, der erst in der Spätphase der Erkrankung Beschwerden macht. Dazu gehören:

- Angina pectoris-Anfälle („Enge im Brustkorb“);
- Herzinfarkt durch Befall der Herzkranzgefäße;
- Störungen der Hirndurchblutung bis zum Schlaganfall;
- schmerzhafte Störungen der Gliedmaßendurchblutung (arterielle Verschlußkrankheit).

Arteriosklerotischen Veränderungen werden durch Faktoren wie Nikotin, Bluthochdruck, Fettstoffwechselstörungen, Diabetes mellitus und Verkalkungen bei Überfunktion der Nebenschilddrüse begünstigt. Diese zu beseitigen bzw. durch entsprechende Behandlungen zu vermindern, ist für den Dialysepatienten sehr wichtig. Insbesondere soll hier auf das strikte Rauchverbot hingewiesen werden.

Herzmuskelschwäche (Herzinsuffizienz): Die Unterscheidung zwischen einer echten Herzinsuffizienz (Unfähigkeit des Herzmuskels, die erforderliche Pumpleistung zu erbringen) und einer Flüssigkeitsüberladung kann im Einzelfall Schwierigkeiten bereiten. Beide Zustände können sich auch überlagern. Eine Unterscheidung ist klinisch oft nicht möglich, weil in beiden Fällen eine ausgeprägte Atemnot besteht. Das Röntgenbild muß zur Unterscheidung herangezogen werden.

Mehrere Faktoren können beim Dialysepatienten die Ursache für eine Herzinsuffizienz sein:

- Druckbelastung des Herzens durch Bluthochdruck;
- Volumenbelastung des Herzens durch Wasser- und Salzeinlagerung sowie durch ein sehr hohes Fistelvolumen;
- Belastung des Herzens durch Urämietoxine und durch Azidose (Übersäuerung des Blutes);
- Herzmuskelverkalkungen, Herzklappenverkalkungen;
- Stoffwechselerkrankungen wie Amyloidose.

Alle Behandlungsmaßnahmen sollen das Herz entlasten. Dazu gehören:

- Blutdrucksenkung in den Normbereich (140/90 mmHg);
- Senkung des Körpergewichtes auf das Optimalgewicht und möglichst geringe Salz- und Flüssigkeitsaufnahme im Dialyseintervall;
- Verminderung der Belastung mit Schlackenstoffen durch Erhöhung der Dialysezeit oder der Dialysehäufigkeit;
- Gabe von herzstärkenden Medikamenten (Digitoxin) in Kombination mit Medikamenten, die gefäßerweiternd wirken (ACE-Hemmer, z. B. Lopirin); Behandlungsversuch mit hochdosierten wassertreibenden Medikamenten (Lasix) bei Urinausscheidung über 500 ml/Tag.

Herzbeutelentzündung (Perikarditis): Beim Auftreten einer Herzbeutelentzündung bei chronischem Nierenversagen muß sofort mit der Dialysebehandlung begonnen werden. Durch einen frühzeitigen Dialysebeginn läßt sich diese urämische Komplikation vermeiden. Als Langzeitkomplikation unter Dialysebedingungen kann aber als akutes Ereignis die sogenannte „dialysebedingte“ Perikarditis auftreten. Begünstigend dafür wirken:

- unzureichende Dialysedauer und/oder Dialysehäufigkeit;
- zu geringer Blutfluß bei Fistelkomplikationen;
- Volumenbelastung durch Überwässerung;
- Infekte durch Bakterien und Viren;
- Abbau von Körpersubstanz (Katabolismus) durch Hunger, durch schwere Infektionen oder infolge von schweren Operationen;
- Überfunktion der Nebenschilddrüse; hohe Harnsäurewerte.

Symptome:

- erhöhte Körpertemperatur, schmerzhaftes Reiben hinter dem Brustbein (besonders im Liegen und bei tiefem Einatmen);
- Pulsbeschleunigung.

Therapie:

- sofortige Intensivierung der Dialysebehandlung durch längere Dialysezeit, häufigeres Dialysieren und Einsatz effektiverer Dialysatoren;
- minimale Heparinisierung, um Einbluten in den Herzbeutel zu vermeiden;
- Punktion des Herzbeutels bei Ansammlung von Flüssigkeit (Perikarderguß) oder operative Versorgung (Perikardiotomie bzw. Perikardektomie).

Unregelmäßiger Herzschlag (Arrhythmie): Über die Häufigkeit des Auftretens von Arrhythmien während der Dialyse gibt es unterschiedliche Auffassungen. Häufig bestehen Zusammenhänge mit der Gabe von herzstärkenden Medikamenten (Digitoxin), einem Blutdruckabfall unter der Behandlung oder hohen Kaliumwerten im Blut.

Herzinnenhautentzündung (Endokarditis): Eine Herzinnenhautentzündung kann sich bei Dialysepatienten auf dem Boden von bakteriellen Infektionen entwickeln. Vor allem an den Punktionsstellen oder in der Umgebung des Gefäßzuganges besteht ein ständiges Infektionsrisiko. Eine Herzinnenhautentzündung macht eine wochenlange antibiotische Behandlung erforderlich.

4.6.2 Knochenstoffwechselstörung (renale Osteopathie)

Der Rehabilitationsgrad der Dialysepatienten wird wesentlich vom Ausmaß der renalen Osteopathie bestimmt. Es gibt kaum einen Dialysepatienten ohne Knochenveränderungen.

Ob ein Zustand einer erhöhten oder verminderten Knochenbildungsrate vorliegt, kann zum Teil aus den Laborwerten des Blutes, wie Parathormon, alkalische Phosphatase, Kalzium und Phosphat abgeleitet werden. Die exakte Messung der Knochenbildungsrate ist allerdings nur möglich, wenn eine Gewebeprobe des Knochens vorliegt (Beckenkammbiopsie). Röntgenologische Knochenveränderungen sind meist erst im fortgeschrittenen Stadium einer Knochenstoffwechselstörung zu erkennen. Für die Entstehung der renalen Osteopathie gibt es zwei Hauptursachen:

- die Überfunktion der Nebenschilddrüse,
- der Mangel an aktivem Vitamin D.

Zusätzlich spielen die Aluminiumanhäufung im Knochen und die Übersäuerung des Blutes eine Rolle.

Die wichtigsten Symptome der renalen Osteopathie sind Knochenschmerzen und Kochenbrüche. Die Schmerzen sind oft schwer lokalisierbar, stark wechselnd in der Intensität, können plötzlich auftreten oder auch langsam fortschreitend zunehmen. Die am häufigsten befallenen Regionen sind Rücken, Hüft- und Kniegelenke, die Beine und die Rippen. Eine Zunahme der Beschwerden wird durch körperliche Belastung, nach abrupten Bewegungen, Pressen u. a. geschildert.

Des weiteren können Muskelschmerzen auftreten.

Therapie:

- Konsequente Senkung des Phosphatwertes im Serum unter 1,8 mmol/l;
- Vermeidung eines Kalzium-Phosphat-Produktes über 5,5 mmol/l;
- Vitamin D-Substitution bei niedrigen Blutwerten und fehlenden Hinweisen auf eine Überfunktion der Nebenschilddrüse;
- Vitamin-D-Stoßtherapie zur Blockierung der Parathormonausschüttung aus den Nebenschilddrüsen bei deren Überfunktion;
- Vermeidung einer Aluminiumanreicherung im Körper und deren Behandlung durch Gabe von Desferal;
- körperliche Bewegung, Muskeltraining und Sport im Rahmen der körperlichen Belastbarkeit.

4.6.3 Störungen des Nervensystems

Gehirn

Der Begriff Enzephalopathie („encephalon", ist griechisch und bedeutet Gehirn) kennzeichnet eine krankhafte, nicht entzündliche Hirnveränderung als Folge verschiedener Ursachen. Trotzdem sind die Symptome einer solchen Störung oft einheitlich und äußern sich in Reizbarkeit, Müdigkeit, Teilnahmslosigkeit, Stimmungsveränderungen, Konzentrationsstörungen, Kopfschmerzen, Erbrechen, Übelkeit bis hin zu Krampfanfällen, Desorientiertheit und Bewußtlosigkeit.

Werden diese Symptome durch zu hohen Blutdruck oder Mineralverschiebungen ausgelöst, dann verschwinden die Beschwerden nach Behebung der Ursache.

Beim langjährigen Dialysepatienten können Symptome auftreten, die man als **chronisch urämische Enzephalopathie** bezeichnet. Es handelt sich um Wesensveränderungen, Gedächtnisstörungen und ein Nachlassen intellektueller Fähigkeiten. Die Ursachen sind noch nicht ausreichend geklärt.

Eine spezielle Form der zentralnervösen Störungen bei Hämodialysepatienten ist die **Aluminiumenzephalopathie.** Diese Erkrankung führte meist innerhalb von 6–15 Monaten zum Tode. Neben der Gehirnbeteiligung ist sie mit schweren Knochenveränderungen und einer ausgeprägten Anämie verbunden. Diese Aluminiumvergiftung ist **keine schicksalhafte,** sondern eine **vermeidbare** Komplikation der Dialysetherapie. Seit der Anwendung der Umkehrosmose zur Wasseraufbereitung und der Reduktion der Verabreichung aluminiumhaltiger Phosphatbinder, sind die gefürchteten Krankheitsbilder der Aluminiumenzephalopathie und aluminiumbedingten Knochenstörung in ihrer klinischen Ausprägung nur noch ganz selten zu beobachten. Beschwerdefreie Krankheitsverläufe sind möglich.

Letztlich ist jeder Dialysepatient mit Zunahme der Dialysejahre dem Problem der Aluminiumvergiftung ausgesetzt, da eine ständige Aufnahme von Aluminium über Nahrung und Getränke erfolgt. Um so wichtiger ist es, alle möglichen Aluminiumquellen auszuschalten. Mit Hilfe des Desferal-Testes kann festgestellt werden, ob sich zu viel Aluminium im Organismus angereichert hat. Bei positivem Test wird Desferal zur Behandlung eingesetzt.

Peripheres Nervensystem

Bei Störungen des willkürlichen Nervensystems klagen die Kranken vorwiegend über Kribbeln und schmerzhafte Mißempfindungen an den Füßen. Besonders gefährdet sind Personen, deren Nerven durch Alkohol oder Zuckerkrankheit bereits vorgeschädigt sind.

Die Diagnose kann aus den klinischen Befunden, der Messung der Nervenleitgeschwindigkeit und des Vibrationsempfindens gesichert werden. Bei einer ausreichenden Dialyse sind schwere klinische Formen dieser Erkrankung selten (etwa 3 %). Milde Formen können bei einer nicht ausreichenden Dialysebehandlung auftreten, haben also eine Alarmwirkung.

Die Beteiligung des unwillkürlichen Nervensystems (autonomes Nervensystem) kann sich an einer verminderten Fähigkeit zur Schweißbildung, Neigung zu Blutdruckabfällen während der Dialyse und Geschmacksstörungen zeigen.

4.6.4 Infektionen

Bei Dialysepatienten ist die Funktion der weißen Blutzellen (Leukozyten) gestört. Daraus ergeben sich zwei klinische Besonderheiten:

- erhöhte Neigung zu bakteriellen Infektionen und Viruserkrankungen,
- verminderter Impfeffekt.

Die gestörte Zellabwehr hat bei vielen Dialysepatienten eine niedrige Körpertemperatur (< 36 C°) zur Folge. Aber auch die Antwort des Körpers auf krankhafte Erreger mit einer Temperaturerhöhung zu reagieren, ist vermindert. Deshalb können schwere Infektionen ohne Fieber ablaufen.

Bakterielle Infektionen

Hautkeime (Staphylokokken, Streptokokken u. a.) sind die häufigste Quelle für das Auftreten von Bakterien im Blut (Sepsis). Auch andere Erkrankungen, wie Herzinnenhautentzündung, Hirnhautentzündung und Knochenhautentzündung können durch Hautkeime ausgelöst werden. Die Haupteintrittspforte für diese Keime sind Fistelpunktionsstellen und zentrale Katheter, die überbrükkend bei Fistelverschluß gelegt werden müssen.

Als weitere bakterielle Infektionen können auftreten:

- Harnwegsinfekte, vor allem bei Patienten mit Zystennieren und Patienten mit neurogener Blasenstörung (z. B. Diabetes mellitus),
- Lungenentzündung (Pneumonie),
- Infektionen im Bauchraum,
- Bauchfellentzündung bei CAPD-Patienten,
- Tuberkulose.

Therapie:

- gezielte antibiotische Behandlung
- prophylaktische Antibiotikagaben vor einer Zahnentfernung, Darmspieglung (Koloskopie), Blasenspieglung (Zystoskopie) (2 Stunden vor dem Eingriff), um der Entwicklung einer Herzinnenhautentzündung vorzubeugen.

Viele bakterielle Infektionen haben ihren Ausgangspunkt in defekten Zähnen. Ein regelmäßiger Zahnarztbesuch (1 bis 2 mal im Jahr) ist für den Dialysepatienten besonders wichtig, auch wenn keine Beschwerden bestehen.

Virusinfektionen

Virushepatitis: Unter Virushepatitis versteht man eine durch Viren verursachte Leberentzündung. Es gibt 5 Hepatitisformen, ausgelöst durch 5 unterschiedliche Viren (A, B, C, D, E). Für die Hepatitis A und E ist der Infektionsweg der Darm, und sie verlaufen nicht chronisch. Deshalb spielen diese beiden Hepatitisformen beim chronischen Nierenversagen keine Rolle. Dagegen werden die Erreger der Hepatitis B, C und D auf dem Blutweg übertragen und können chronisch verlaufen. Für den Dialysepatienten bedeutungsvoll sind die Hepatitis B und C.

Hepatitis B: Die Übertragung der Hepatitis B erfolgt durch Eindringen von Hepatitis-B-Viren (HBs-Antigen) in den Blutkreislauf. Dies ist durch Hautverletzungen, Schleimhautverletzungen (Geschlechtsverkehr), Infektionen, Infusionen und Bluttransfusionen sowie durch Kontakt mit der Bindehaut des Auges möglich. Das Virus befindet sich im Blut und anderen Körperflüssigkeiten (Speichel, Tränenflüssigkeit, Scheidensekret, Sperma, Wundsekret). Stuhl ist nicht infektiös, außer bei Blutbeimengungen.

Dialysepatienten, die das Hepatitis-B-Virus im Blut haben, können mit einer Blutuntersuchung auf das sogenannte „HBs-Antigen" oder „Australia-Antigen" erfaßt werden („gelbe" Patienten). Diese Patienten müssen in einer speziellen Dialyseabteilung behandelt werden.

Die „HBs-Antigen" negativen Patienten („weiße" Patienten) werden gegen die Hepatitis B geimpft. Leider reagieren nur etwa 60 % nach einer Mehrfachimpfung mit der Bildung von Antikörpern. Patienten mit einem chronischen Nierenversagen sollten deshalb nicht erst in der Phase der Dialysepflichtigkeit geimpft werden.

Die Dauer des Impfschutzes wird durch Kontrolle der Antikörper (Anti-HBs-Titer) überwacht. Bei Abfall des Titers unter einen bestimmten Grenzwert muß eine Auffrischungsimpfung („Boosterung") erfolgen.

Durch die Möglichkeit der Impfung, durch sorgfältige hygienische Maßnahmen und kaum noch erforderliche Bluttransfusionen ist der Anteil der B-Hepatitis von 12,8 % im Jahre 1978 auf 0,4 bis 4 % im Jahre 1990 zurückgegangen. Die natürlich erworbene Hepatitis-B-Erkrankung führt normalerweise in ca. 90 % zur Immunität, bei Dialysepatienten jedoch nur in 10–25 %. Die Dialysepatienten sind aufgrund ihrer Immunabwehrschwäche nur begrenzt in der Lage, das Hepatitis B-Virus aus dem Körper zu entfernen. Deshalb werden gehäuft chronische Verläufe der Erkrankung beobachtet.

Hepatitis C: Diese Form wird wie die Hepatitis B übertragen. Nur 0,4–1,3 % der Normalbevölkerung erkranken an einer Hepatitis C, während es bei Dialysepatienten etwa 10 % sind. Trotz des meist milden Krankheitsverlaufes ist die Hepatitis C ein ernstes Problem, da sie in etwa 50 % der Fälle chronisch verläuft. In den europäischen Dialysezentren überwiegt inzwischen die Hepatitis C im Vergleich zur Hepatitis B.

Leider besteht zum gegenwärtigen Zeitpunkt noch keine Möglichkeit der aktiven und passiven Impfung.Der Nachweis von Antikörpern gegen das Hepatitis-C-Virus im Blut spricht für eine durchgemachte Hepatitis-C-Virusinfektion. Inwieweit bereits eine chronische Infektion vorliegt bzw. noch Ansteckungsgefahr besteht, kann damit nicht sicher beurteilt werden.

Deshalb sollten auch Dialysepatienten mit einem positiven Antikörpernachweis an isolierten Dialysemaschinen behandelt werden.

Andere Virusinfektionen: Neben der Hepatitis B und C sind die Herpesvirusinfektionen am häufigsten (Zytomegalie, Epstein-Barr-Virus und die Mononukleose) und können wie eine Hepatitis verlaufen. Häufig sind ebenfalls Influenzavirusinfektionen (Grippeinfektion).

AIDS (acquired immune deficiency syndrome)

Es handelt sich um eine erworbene Abwehrschwäche, die auf einer Infektion mit dem sogenannten HIV-Virus beruht und hauptsächlich Risikogruppen, wie Homosexuelle und Drogensüchtige betrifft. Aber auch Dialysepatienten, die in früherer Zeit häufig Bluttransfusionen erhielten, gehören im weiteren Sinne zu dieser Risikogruppe. Glücklicherweise ist jedoch nach heutigem Kenntnisstand die Zahl der nach Blutübertragung infizierten Dialysepatienten geringer als ursprünglich befürchtet.

Eine erfolgte Infektion wird durch das Auftreten von HIV-Antikörpern im Blut nachgewiesen. Für die Durchführung eines AIDS-Testes in Dialysezentren gibt es derzeit keine gesetzlichen Bestimmungen. In den meisten Zentren wird eine Untersuchung pro Jahr durchgeführt. Diese setzt das schriftliche Einverständnis des Patienten voraus.

In Amerika beträgt der Anteil der Dialysepatienten, die an AIDS erkrankt sind, ca. 1,2 %, in Europa, vor allem in Deutschland, liegt der Anteil darunter. An AIDS erkrankte Dialysepatienten sind wie infektiöse Hepatitis-B-Patienten zu führen.

Impfungen: Obwohl bei Dialysepatienten die Antikörperbildung auf verschiedene Impfstoffe vermindert ist, wird sie bei folgenden Krankheiten empfohlen: Influenza A und B (Grippe) Hepatitis, Tetanus und Diphterie.

4.6.5 Tumorerkrankungen

Für die Entwicklung einiger Krebsarten besteht während der Dialysebehandlung ein erhöhtes Risiko. Dazu gehören Nieren-, Gebärmutter- und Prostatakarzinome. Umgekehrt ist bei Patienten mit Analgetikanephropathie (s. Kap. 2.1) die Häufigkeit von Tumoren des Nierenbeckens erhöht, ebenso bei angeborenen Zystennieren oder sekundären zystischen Umwandlungen nach Dialysebeginn. Durch routinemäßige Untersuchung der geschrumpften oder zystisch veränderten Nieren mittels Sonographie oder Computertomographie sowie durch zystoskopische Untersuchungen und zytologische Untersuchungen des Urins ist die Früherkennung eines bösartigen Tumors im Bereich des harnableitenden Systems möglich.

Andererseits wird auch nach tumorbedingter beidseitiger Nierenentfernung die Frage der Dialysebehandlung gestellt. Die Entscheidung darüber wird aus der prognostischen Sicht des Tumorleidens, der physischen und psychischen Befindlichkeit und dem Lebenswillen des Patienten gefällt. Es ist individuell zu entscheiden, ob eine lebensverlängernde Dialysebehandlung im Einzelfall sinnvoll ist. Der Nephrologe und Dialysearzt übt hier nur eine beratende Funktion aus, indem er auf die Chancen und Risiken der Dialysebehandlung hinweist. Die Entscheidung zur Dialysebehandlung sollte letztlich in Übereinstimmung mit dem Betroffenen erfolgen.

4.6.6 Hautveränderungen

Als Konsequenz des chronischen Nierenversagens ist die Haut vieler Dialysepatienten trocken und hat eine fahlgelbe Verfärbung. Dafür sind eine verminderte Hautdurchblutung, gestörte Schweißbildung und vermehrte Ablagerung von Farbstoffen, die bei Nierengesunden mit dem Urin ausgeschieden werden, verantwortlich. Außerdem besteht bei Nierenkranken eine Neigung zu Hautinfektionen (z. B. Furunkel).

Das wichtigste Hautproblem ist der Juckreiz. Dieser kann vorübergehend oder ständig, am ganzen Körper oder örtlich auftreten und von unterschiedlicher Intensität sein. Viele Patienten verspüren eine Zunahme des Juckreizes in der Nacht. Der Rücken, die Arme, der Kopf, Nase und Ohren sind die am häufigsten befallenen Regionen. In vielen Fällen bildet sich der Juckreiz unter der Dialyse zurück, in anderen kann er jedoch verstärkt auftreten, insbesondere durch die Zunahme der Hauttrockenheit während der Dialyse infolge Ultrafiltration.

Die Ursachen des Juckreizes sind noch unbekannt. Mögliche Faktoren sind:

- Urämiegifte;
- erhöhtes Kalzium-Phosphat-Produkt über 5,5 mmol/l;
- Überfunktion der Nebenschilddrüse;
- allergische Reaktionen durch Heparin, Ethylenoxyd sowie freigesetzte Substanzen aus der Dialysemembran und dem Blutschlauchsystem.

Trotz Juckreiz sieht die Haut äußerlich unauffällig aus. Durch Kratzen entstehen aber oberflächliche Veränderungen, zum Teil blutige Krusten, Pusteln, Knötchenbildungen usw.

Therapiemöglichkeiten:

- Verlängerung der Dialysezeit,
- Verwendung von Dialysatoren ohne Ethylenoxydsterilisation,
- Kontrolle des Kalzium- und Phosphatstoffwechsels,
- Operative Nebenschilddrüsenentfernung bei Überfunktion,
- juckreizlindernde Medikamente,
- Infusion mit Lokalanästhetika,
- Aktivkohle in Tablettenform.

Die in der Literatur immer wieder empfohlene Phototherapie mit ultraviolettem Licht als Eigenblutbestrahlung oder Ganzkörperbestrahlung hat keinen überzeugenden Effekt gebracht.

Unabhängig von der angewandten Therapiestrategie ist entscheidend, etwas gegen die Hauttrockenheit zu tun. Es bieten sich ölige Badezusätze (z. B. Balneum Hermal) oder die Benutzung von Fettcremes an. Häufiges Abwaschen mit normalen Seifen sollte unterbleiben, da die Haut hierdurch noch mehr austrocknet und ihr Säureschutzmantel zerstört wird. Besser geeignet sind saure Seifen (z. B. Sebamed). Die Temperatur des Badewassers sollte 38° C nicht überschreiten. Wärmeres Wasser fördert den Juckreiz.

Achtung: Zur Behandlung verschiedener Hauterkrankungen mit Juckreiz werden oft harnstoffhaltige Zubereitungen vom Arzt verordnet. Beim chronischen Nierenversagen sollte auf eine großflächige lokale Behandlung mit harnstoffhaltigen Präparaten verzichtet werden.

4.6.7 Anämie und andere Störungen des blutbildenden Systems

Blutarmut (renale Anämie)

Die renale Anämie entwickelt sich bei allen Patienten mit chronischem Nierenversagen. Dabei geht mit zunehmender Einschränkung der Nierenfunktion eine Verschlechterung der renalen Anämie einher. Hauptursachen sind:

- Erythropoietinmangel (s. Kap. 4.5);
- Störung der Produktion roter Blutzellen durch eine urämische Knochenmarkschädigung;
- Verkürzung der Lebensdauer der roten Blutkörperehen auf 20–30 Tage durch das urämische Milieu (normalerweise beträgt sie bis zu 4 Monaten);
- Blutverlust durch Restblut im Dialysator, Blutuntersuchungen, unsichtbare Blutungen im Magen-Darm-Trakt, gynäkologische Blutungen, Eisen- oder Vitaminmangel.

Die wichtigsten Symptome sind Schwäche, Schwindel, schneller Herzschlag und Atemnot bei Belastung.

Therapie:

- Eisensubstitution;
- Erythropietingabe;
- effektive Dialysebehandlung, um die urämische Schädigung von Knochenmark und roten Blutkörperchen zu mindern;
- Minimierung der Blutverluste durch geringere Heparingabe und konsequente Rückführung des Blutes aus dem Dialysator und dem Schlauchsystem in die Blutbahn (Retransfusion).

Weiße Blutkörperchen (Leukozyten)

Dialysepatienten sind in höherem Maße infektanfällig. Dies beruht sowohl auf einer verminderten Antikörperproduktion als auch auf einer Beeinträchtigung der Funktion der weißen Blutzellen.

Blutplättchen (Thrombozyten)

Störungen der Thrombozytenfunktion können sowohl zu einer Verlängerung der Blutungszeit und damit zu einer verstärkten Blutungsneigung als auch zu einer verstärkten Gerinnselbildung mit den Folgen einer Thrombose, vorwiegend in der Fistelregion, führen.

4.6.8 Probleme des Verdauungstraktes

Urämiegifte werden auch über die Schleimhäute abgegeben, so daß es von der Zahnleiste bis zum After zu Reizungen und Entzündungen im Bereich des gesamten Verdauungstraktes kommen kann. Viele Medikamente, die bereits beim Gesunden eine Entzündung in diesem Bereich, speziell der Magenschleimhaut oder des Zwölffingerdarms hervorrufen können, bewirken beim Nierenkranken mit seiner vorgeschädigten Schleimhaut eine zusätzliche Schädigung. Dies gilt besonders für Schmerz- und Rheumamittel sowie für Nebennierenrindenhormone (Kortikoide).

Typisch für eine Mitbeteiligung des Verdauungstraktes sind:

- metallischer Geschmack und Mundgeruch durch erhöhten Ammoniakgehalt des Speichels;

- schmerzhafte Entzündungen der Mund- und Speiseröhrenschleimhaut, die oft mit einer zusätzlichen Pilzinfektion einhergehen.

Besondere Maßnahme:

- sorgfältige Mundhygiene mit Zahnsanierung;
- nach jedem Essen Zähneputzen;
- Aufbringen von Vaseline bei trockenen Lippen;
- Einnahme von Kunstspeichel bei sehr trockener Schleimhaut;
- Lutschen von Drops oder Kaugummi.

Urämische **Magenschleimhautentzündungen** (Gastritis) gehen oft mit unsichtbaren Blutverlusten einher und können die Ursache einer nichterklärbaren oder einer sich ständig verstärkenden Anämie sein. Wie oben bereits genannt, können Blutungen durch Aspirin und andere Schmerz- und Rheumamittel verstärkt werden. Sichtbare Blutungen (d. h. rotes Blut oder „Teerstuhl") sind ein Alarmzeichen und erfordern sofortiges ärztliches Eingreifen zur Abklärung der Blutungsquelle.

Die **Entzündung der Bauchspeicheldrüse** (Pankreatitis) wird beim chronischen Nierenversagen durch eine Überfunktion der Nebenschilddrüsen, Erhöhung des Kalziumspiegels im Blut, Alkoholmißbrauch und Gallensteine begünstigt.

Stuhlverstopfungen (Obstipation) treten häufig auf und werden verstärkt durch phosphat- und kaliumsenkende Medikamente. Abführmittel enthalten zum Teil Substanzen, die für den Patienten gefährlich werden können (z. B. Magnesium). Aus diesem Grunde ist diese Symptomatik mit dem Dialysearzt zu besprechen. Vor eigenmächtigen Medikamenteneinnahmen ist zu warnen.

Von den hier genannten Organkomplikationen bei Langzeitdialyse wird die Rehabilitation dieser Patienten hauptsächlich von den Herzkreislaufkomplikationen, den Auswirkungen auf die Knochen und auf das Nervensystem beeinträchtigt.

Natürlich können auch an anderen nicht genannten Organen vorübergehende Veränderungen und Störungen auftreten, die spezielle Therapiemaßnahmen erforderlich machen (Lungen, Rippenfell, Muskel, Gelenke, verschiedene Drüsen u.a.). Die Langzeitprobleme von Dialysepatienten bezüglich verschiedener Organstörungen werden auch von der Art der Grunderkrankung mitgeprägt. Beispielsweise sind bei Diabetikern Auswirkungen auf die kleinen und großen Gefäße sowie auf das Nervensystem zu verzeichnen.

Für den Betroffenen ist das Wissen um diese möglichen Langzeitkomplikationen besonders wichtig, weil sie durch seine aktive Unterstützung zum großen Teil vermeidbar sind. Haben Sie Vertrauen zu Ihrem behandelnden Arzt. Er wird mögliche Störungen rechtzeitig erkennen, Sie informieren und aufklären und gezielte Behandlungen einleiten.

5 Berufstätigkeit, Rehabilitation, Fahrtauglichkeit, Kuren, Urlaub, Selbsthilfegruppen

5.1 Berufstätigkeit

Die Dialysebehandlung ist nicht zwangsläufig mit Berufs- und Arbeitsunfähigkeit verbunden. Diese Entscheidung ist abhängig vom Alter des Patienten, von der Art des Berufes, der Grunderkrankung, die zum chronischen Nierenversagen geführt hat und den Begleiterkrankungen.

Abgestimmte Dialysezeiten in den späten Nachmittag- und Abendstunden können Grundvoraussetzung für eine Berufstätigkeit sein. Ein noch so arbeitswilliger und arbeitsfähiger Dialysepatient wird scheitern, wenn ihn sein „Zentrum" nicht mit entsprechenden Dialysezeiten unterstützt.

Berufstätigkeit bedeutet nicht nur eine „Verdrängung" der Krankheit, sondern auch Selbständigkeit. Sie ist für arbeitsfähige Hämodialysepatienten ein erstrebenswertes Ziel, sollte aber nicht über einen gesetzgeberischen Zwang erreicht werden. Die frühzeitige und individuelle Beratung und Aufklärung des Patienten noch vor Beginn der Dialysebehandlung ist dafür Grundvoraussetzung.

Zu den vorbereitenden Maßnahmen gehört u. a. die Anpassung der Berufstätigkeit an die zu erwartende körperliche, psychische und zeitliche Einschränkung, wie Arbeitsplatzwechsel, Vermeidung von Schichtarbeit usw. Eine behindertengerechte Ausbildung oder Umschulung sowie die Beantragung der Anerkennung einer Minderung der Erwerbsfähigkeit oder vorzeitige Berentung sind weitere vorbereitende Maßnahmen. Auch die Anpassung der sozialen und häuslichen Verhältnisse ist zu beachten.

Ist der Erkrankte berufstätig, dann sind folgende Arbeitsplatzbedingungen zu gewährleisten:

- keine körperliche Schwerarbeit,
- keine dauerhafte oder einseitige Belastung,

- Vermeidung von Infektionsquellen,
- Vermeidung von klimatischen Verhältnissen, die eine Infektion begünstigen,
- keine Schicht- und Nachtarbeit.

Die Überlebensrate von Dialysepatienten, die berufstätig waren, ist deutlich höher als die derjenigen Patienten, die keiner Berufstätigkeit nachgingen und dies bei vergleichbarem Gesundheitszustand. Ziel aller Rehabilitationsmaßnahmen sollte deshalb die Aufrechterhaltung und Wiederaufnahme der Erwerbs- und Berufstätigkeit sein.

5.2 Rehabilitation

„Habilitare“ (lateinisch) bedeutet „Befähigen“. Eine sinnvolle Rehabilitation soll also den Kranken zur Rückkehr zum aktiven Leben ohne Einschränkung befähigen. Dieses Idealziel ist natürlich nur bei einer vollständig heilbaren Krankheit zu erreichen. Dagegen kann bei chronischen Krankheiten nur eine relative Heilung erzielt werden. Ziel der Rehabilitation jedes Kranken ist eine Abkehr von der „Krankenrolle“ und eine möglichst weitgehende Wiedereingliederung in das soziale Umfeld. Das bedeutet eine Anpassung des Patienten an die veränderte Lebenslage – **Leben mit der Krankheit.** Zu den Rehabilitationsmaßnahmen gehören neben Kurbehandlungen und Integration in Sportgruppen natürlich auch die berufliche Rehabilitation. Viele Nierenkranke müssen aufgrund der verminderten körperlicher Arbeit ihre Berufstätigkeit aufgeben. Damit besteht zugleich die Gefahr eines sozialen Abstiegs, von dem vor allem Personen mit körperlicher Arbeit bedroht sind. Einmal berentete Nierenkranke nehmen selten wieder eine Berufstätigkeit auf. Die automatische Berentung verhindert somit die soziale Integration und die Wiederaufnahme einer beruflichen Tätigkeit. Auch nach erfolgreicher Nierentransplantation werden die Möglichkeiten einer beruflichen Rehabilitation nur unzureichend genutzt. Dabei spielen neben physischen vor allem psychische Probleme eine Rolle.

Für die Rehabilitationsfähigkeit chronisch Nierenkranker ist die Kapazität des Herzkreislaufsystems von entscheidender Bedeutung.

Die körperliche Leistungsfähigkeit im Dialysestadium ist etwa halb so groß wie bei Gesunden und läßt nur leichte bis mittelschwere körperliche Tätigkeiten zu. Die geistigen Leistungen können reduziert sein. Ausdruck dafür sind frühzeitige Ermüdung, Verminderung der Konzentrationsfähigkeit sowie Gedächtnisschwäche. Die Erfahrungen zeigen, daß auch bei ausreichender Leistungsfähigkeit die Bereitschaft zur Berufstätigkeit wenig ausgeprägt ist. Dafür ist weniger die klinisch medizinische Situation maßgebend, sondern die sozialen Umstände, die Behinderungsbewältigung, die Persönlichkeitsstruktur und die familiäre Situation.

Beispielgebend für die Möglichkeit einer optimalen Rehabilitation ist die Stiftung „Rehabilitation“ in Heidelberg. Sie bietet Ausbildungslehrgänge der Industrie- und Handelskammer auf Fach- und Fachhochschulebene auch für Patienten mit chronischem Nierenversagen an.

Die berufliche Neuorientierung sollte noch vor dem Eintritt von krankheitsbedingten Leistungseinschränkungen abgeschlossen sein. Eine Umschulung ist erfolgreicher, wenn sie bereits in der Frühphase einer chronisch Nierenerkrankung eingeleitet wird. Die Motivation, die Persönlichkeitsstruktur und der Ausbildungsstand vor und während der Krankheit sind entscheidend für den Rehabilitationserfolg, auch bei Nierentransplantation.

Nach dem gesetzlich festgelegten Prinzip, daß Rehabilitation Vorrang vor Rente hat, sollten Erwerbs- oder Berufsunfähigkeitsrenten erst dann bewilligt werden, wenn berufliche Rehabilitationsmaßnahmen nicht erfolgversprechend sind, oder diese bereits erfolglos durchlaufen wurden. Auch direkte berufliche Wiedereingliederungsmaßnahmen ohne Umschulung können durch die Bundesanstalt für Arbeit gefördert werden.

Hinsichtlich der schulischen Versorgung nierenkranker Jugendlicher gibt es erhebliche Defizite. Durchschnittlich muß mit einem Ausfall von 30 Schultagen pro Halbjahr gerechnet werden. Hinzu kommt, daß 30 % der Schüler wegen der Krankheit zu spät eingeschult, und ein weiteres Drittel eine Klasse wiederholen muß. Jugendliche Patienten bleiben in der Hälfte der Fälle nach Beendigung der Schule ohne Berufsausbildung und ohne weiterbildende Maßnahmen.

Erschwerte Bedingungen für die Rehabilitation ergeben sich bei gleichzeitigem Auftreten von Nierenversagen und Diabetes mellitus. Das Ausmaß der diabetischen Begleitkomplikationen beeinflußt den Gesamtzustand des Patienten wesentlich.

Erfahrungen zeigen jedoch, daß auch nierenkranke sehbehinderte Diabetiker selbst bei fortschreitenden Sehstörungen durch den gezielten Einsatz technischer Hilfsmittel, wie Optacon Lesegeräte, Vergrößerungsbildschirm und Braille-Schreibmaschine erfolgreich rehabilitiert werden können. Unterstützend sollten behindertengerechte Ausbildungsprogramme eingesetzt werden.

Zu bedenken ist schließlich, daß die körperliche Leistungsfähigkeit durch die Möglichkeit der Erythropoietintherapie heute neu definiert werden muß, weil die Leistungseinschränkung durch die Anämie nur noch in den Fällen eine Rolle spielt, die nicht auf eine Erythropoietinbehandlung ansprechen.

Der Kontakt von Patient und Arzt zur Rehabilitationsabteilung des Arbeitsamtes ist wünschenswert, ebenso zum Arbeitgeber zwecks Absprache einer Weiterbeschäftigung nach Dialysebeginn. Leider besteht gegenwärtig in Deutschland eine Diskrepanz zwischen medizinischer Versorgung und der beruflichen Wiedereingliederung von Dialysepatienten. Die Rehabilitationsmöglichkeiten sind bei Patienten, Therapeuten und sozialen Diensten nicht hinlänglich bekannt.

Besitzt der Patient einen Behindertenausweis, dann sollten alle Möglichkeiten des Schwerbehindertengesetzes ausgenutzt werden. Darüber hinaus steht das Rehabilitationsangleichungsgesetz zur Verfügung.

5.3 Fahrtauglichkeit

1. Auto: Wenn keine medikamentöse oder körperlich bedingte (z. B. Nervenerkrankungen beim Diabetiker) Beeinträchtigung der Fahrtauglichkeit vorliegt, bestehen keine Bedenken gegen das Autofahren.
2. Motorrad, Moped: Hier gelten die gleichen Einschränkungen. Darüber hinaus ist die Gefahr der Unterkühlung zu beachten.

Deshalb ist das Tragen von warmer und wasserabstoßender Kleidung erforderlich.

3. LKW, Kran: Das berufsmäßige Führen von schwerer Technik sollte verboten werden, da es sich um körperliche Schwer- bis Schwerstarbeit handelt.

5.4 Kuren tür Nierenkranke und Dialysepatienten

Kuren können von Nierenkranken und Dialysepatienten alleine oder mit Ehepartner bei den zuständigen Krankenkassen beantragt werden. Bis zum 28. bzw. 42. Tag pro Jahr ist eine Zuzahlung von 9,– DM pro Tag erforderlich. Bei finanziellen Härtefällen können diese Mehrkosten über die Sozialhilfe zurückgefordert werden. Die bekanntesten Heilbäder und Kurorte in Deutschland für Patienten mit Erkrankungen der Nieren und der ableitenden Harnwege sind in Bad Salzuflen, Bad Rippoldsau-Schapbach und Bad Harzburg.

5.5 Urlaub

Dialysepatienten können heute überall in Deutschland, an vielen Orten in Europa und sogar weltweit Ferien machen. Bei Dialysen im Ausland sollten Sie sich grundsätzlich erst telefonisch bei dem betreffenden Zentrum über die Kostenverrechnung erkundigen. Für Rentner, Sozialhilfeempfänger, Arbeitslose, Kinder und Jugendliche, Transplantierte – jeweils unter Einschluß von Partnern oder Eltern – werden finanzielle Unterstützungen über den Verein „Hilfsfonds Dialyseferien“ angeboten.

Dialysepatienten brauchen also nicht auf berufliche und private Reisen zu verzichten. C.E.A.P.I.R. hat den Ferienführer „Eurodial“ herausgegeben, der Dialysepatienten in ganz Europa über die Existenz zahlreicher kostenloser Feriendialysestationen informiert. Für Berufs- und Urlaubsreisen ist die internationale Dialyseorganisation (I.D.O.) der Ansprechpartner.

Um in Akutsituationen einen reibungslosen Rücktransport aus dem Ausland zu garantieren, ist für den reisenden Dialysepatienten der Abschluß einer Mitgliedschaft in der Deutschen Rettungsflugwacht e. G. (Postfach 230127, Stuttgart Flughafen) empfehlenswert. Dank der Gruppenmitgliedschaft in „Dialysepatienten Deutschlands e.V." stellt eine solche Mitgliedschaft bei günstigen Jahresbeiträgen die ideale Absicherung von Nierenkranken im Ernstfall dar. Mit einem Beitrag von 40,– DM für den Dialysepatienten und 20,– DM pro Familienangehöriger werden die Kosten für medizinisch notwendige und ärztlich angeordnete Transporte mit Luftfahrzeugen gedeckt.

Es gibt also genügend Angebote und Möglichkeiten für Feriendialysen, auch gemeinsam mit Angehörigen. Diese Möglichkeiten einer freien Beweglichkeit sollte jeder Dialysepatient nutzen.

Anschriften der Patientenorganisationen, die bei Urlaubs- und Reiseangelegenheiten behilflich sind:

Deutschland
Dyalysepatienten Deutschlands e. V. (DD)
Weberstraße 2 55130 Mainz,
Tel. 0 61 31 / 85; 52, Fax 0 61 31 / 83 51 98
Der DD, 1975 als Interessenverband der Dialysepatienten und Nierentransplantierten in Deutschland gegründet, kümmert sich um alle – auch sozialen – Belange der Betroffenen und fördert Organspende und Transplantation. Unter seinem Dach arbeitet bundesweit eine große Zahl regionaler Selbsthilfegruppen, deren Anschriften unter der oben genannten Adresse erfragt werden können.

Hilfsfonds Dialyseferien e. V.
Hans Colling
Windheckenweg 29, 53902 Münstereifel, Tel. 0 22 53/85 56

Irland
Irish Kidney Association
'Donor House',156 Pembroke Road, Ballsbridge, Dublin 4

Italien
Associazione Altoatesina nefropatici
Südtiroler Nierenkranken-Verband
Via C. Battista-Straße 33, I-39100 Bolzano – Bozen
Florian Mair, St. Peter-Weg 19, I-39018 Terlan

Luxemburg
Association Luxembourgeoise des Malades Renaux
Vic Christophe, L-1027 Luxembourg, BP 2713

Österreich
Gesellschaft Nierentransplantierter und Dialysepatienten
Österreichs, Hofrat Dr. Herbert Schmidt
Neulerchenfelder Str.10/l/3/17, A-1160 Wien

Schweden
Riksförbandet för Njursjuka (Reichsverband für Nierenkranke),
Box 9514, S-10274 Stockholm

Schweiz
Verband der Nierenpatienten der Schweiz (VNPS)
Ivonne Guerini-Brunner, 7, rte de Founex, CH-1291 Commugny

USA
American Association of Kidney Patients
111 S. Park St., Ste. 405, Tampa, FL 33606

5.6 Selbsthilfegruppen

In Deutschland gibt es inzwischen weit über 100 regionale Selbsthilfegruppen. Jeder Dialysepatient sollte die Möglichkeit nützen, im Gespräch mit Betroffenen aktiv zur eigenen Krankheitsbewältigung beizutragen.

Anschriften

Dialysepatienten Deutschlands e. V. (DD)
Weberstraße 2, 55130 Mainz, 06131-5152, 06131-835198

Baden-Württemberg

Verband der Dialysepatienten Baden-Württemberg e. V.
Sitz: 7000 Stuttgart
Günter Teichmann,
Rauchstraße 57.
74076 Heilbronn
0 71 31/17 95 91

Bad Mergentheim
Bernard Krause,
Weikersheimer Weg 45,
97996 Niederstetten-Herrenz,
0 79 32/6 00 52

Stuttgart
Eva Zilch,
Oppenheimer Str. 4
70499 Stuttgart
07 11/8 89 13 90
07 11/8 89 49 51

Waiblingen
Klaus Zinnecker
Alte Waiblinger Straße 32,
71336 Waiblingen,
071 51/8 18 68

Heilbronn
Christa Bender,
Fichteynweg 21,
74257 Untereisesheim,
0 71 32/4 17 14

Schwäbisch Hall/Crailsheim
Minhold Fleischmann,
Winterrain,
74545 Michelfeld,
0 79 49/5 40

Böblingen/Sindelfg./Leonbg.
z. Zt. nicht besetzt

Göppingen
Thomas Hummel,
Meisenweg 13,
73035 Göppingen,
0 71 61/4 26 19

Reutlingen
Bernhard Domes,
Peter-Rosegger-Str 84,
72762 Reutlingen,
0.71/2 49 50

Balingen/Albstadt/Hechingen
Gisela Schittenhelm,
Eugenstraße 20,
72336 Balingen,
0 74 33/1 69 67

Aalen/Heidenheim
Arthur Mayer
Lange Sraße 33
73432 Aalen
0 73 67/26 53

Ulm
Petra Moch,
Buchenlandweg 130
89075 Ulm,
07 31/26 76 43

Selbsthilfe bei Nierenversagen
Sindelfingen e. V.
Claus Graseck,
Arzetstraße 25
71272 Renningen
0 71 59/1 82 27

IG Dialyse Nordbaden e. V.
Karl Jüngert,
Dürrenwettersbacher Str. 42,
76228 Karlsruhe,
07 21/47 36 12

Bruchsal/Kraichgau
IG Chronisch Nierenkranker
Kraichgau-Hardt e. V.
Bernd Lang,
Josef-Heid-Str. 25
76646 Bruchsal
0 72 51/1 69 29

Verein der chronisch Nierenkranken Südbaden e. V.
Hansjörg Dold,
Schönauer Str. 5,
79115 Freiburg,
07 61/48 27 82

IG der Dialysepatienten Bodensee e. V.
Wolfgang Stuckenbrock,
Platanenstraße 40,
88046 Friedrichshafen,
0 75 41/7 36 86

Bayern

IG der Dialysepatienten und Nierentransplantierten in Bayern e. V.
Bernard Krause,
Geschäftsstelle:
Randersackerer Straße 30,
97072 Würzburg,
09 31/88 67 64
09 31/7 63 69

München
Gunther Barnscheidt
0 81 57/80 43
Geschäftsstelle:
Heidemannstraße 27,
80939 München
0 89/3 16 12 53
0 89/3 16 12 53

Ingolstadt
Erich Bergdold,
Am Pulverl 22,
85051 Ingolstadt,
08 41/7 27 74

Garm.-Partenkirchen
Werner Marx,
Mühlstr. 32 a
82496 Oberau,
0 88 21/88 66

Rosenheim
Annemarie Boldinger,
Simseestr. 8,
83101 Lauterbach,
0 80 32/55 45

Traunstein
Ernst Rößner,
Windseestr. 18,
83246 Unterwössen,
0 86 41/86 39

Amberg
Margarete Lang,
Godlricht 7,
92256 Hahnbach,
0 96 21/6 26 00

Weiden
Franz Nowy,
Breiter Weg 5,
92660 Neustadt,
0 96 02/13 01

Mittelfranken
Karin Jones,
Am Klosterbach 9,
90455 Nürnberg
09 11/88 39 37
09 11/88 81 34

Bayreuth
Marianne Kühl,
Hans-Raithelstr. 12,
95463 Bindlach,
0 92 08/3 70+71
0 92 08/3 71

Bamberg
Anni Thieret,
Kirchweg 2
96123 Litzendorf
0 95 05/10 82

Coburg
Brigitte Bauer,
Meisenweg 2,
96482 Ahorn,
0 95 61/1 55 24

Würzburg
Ulrich Roßner,
Kantstraße 36,
97074 Würzburg,
09 31/7 28 79

Untermain
Uwe Kunow,
Kniebreche 4
63916 Amorbach
0 93 73/13 66
0 93 73/71 40

Landsberg am Lech
Michael Wurmser,
Herzog-Heinrich-Str. 4
86916 Kaufering
0 81 91/67 80
0 81 91/67 80

Augsburg
Monika Maier,
Elisenstr. 10,
86159 Augsburg,
08 21/57 38 70
08 21/57 38 70

Allgäu
Karl Küster,
Am Kreuzberg 34,
87647 Kraftisried,
0 83 77/6 00

Hilfgemeinschaft der Dialysepatienten und Transplantierten Freising e. V.
Magdalena Kiermeier,
Isarstraße 2,
85356 Freising,
0 81 61/8 30 61

Hilfgemeinschaft der Dialysepatienten und Transplantierten Regensburg e. V.
Siegfried Bäumel,
Hirschkreuther Straße 61,
84066 Mallersdorf-Pfaffenberg,
0 87 72/55 24

IG der Dialysepatienten und Nierentransplantierten in Schweinfurt e. V.
Franz Seitz,
Tannigweg 29,
97456 Dittelbrunn,
0 97 21/4 53 32
0 97 21/4 53 32

Berlin

IG Künstliche Niere und Transplantation Berlin (IKN) e. V.
Manfred Möckelmann,
Bismarkstraße 97-98
10625 Berlin
0 30/3 13 09 74

IG Dialyse und Transplantation (IDT) Berlin e. V.
Ekkehard Schmidt
Bernhard-Bästlein-Straße 16
10367 Berlin
0 30/9 72 92 07
Geschäftsstelle:
IG Dialyse und Tranplantation (IDT) Berlin e. V.
Dr. Neitzke,
Rüsternallee 39
12623 Berlin
0 30/5 27 67 83

Brandenburg

Dialysepatienten Deutschland Landesverband Brandenburg
Berd May,
Richard-Jänsch-Straße 6,
15370 Fredersdorf,
03 34 39/8 02 59

Brandenburg
Internistische Praxis mit Dialyse
Schwester Sylvia Schebitz
Hochstraße 29
14776 Brandenburg
0 33 81/36 15 90

Selbsthilfegruppe Dialyse Schwedt
Detlef Klemer,
Auguststr. 22,
16303 Schwedt/Oder,
03 34 39/8 02 59

Frankfurt
Rolf Zschieschang,
Südring 7
15236 Frankfurt/Oder
3 35/54 45 19

Neuruppin
Siegfried Knappe,
Am Vogelsang 3,
16845 Neustadt/Dosse
03 39 70/3 60

Hennigsdorf
Kreiskrankenhaus „Friedrich Wolf“, SHG Dialyse
Marwitzer Straße 91
16761 Hennigsdorf
0 33 02/4 53 46

Luckenwalde
Kreiskrankenhaus Luckenwalde,
Innere / Dialyse-Selbsthilfegruppe
Helga Rudowsky,
Saarstraße 1
14943 Luckenwalde
0 33 71/3 60

SHG Dialyse Prenzlau
Christiane Fürstenau,
Ückerstraße 15
17309 Pasewalk

Potsdam
Eva-Maria Schmidt,
Kahndorfer Weg 4,
14547 Beelitz

SHG Dialyse Cottbus
(Schillerstraße),
Rudi Speer,
M.-Beystr. 2,
03042 Cottbus

Interessengemeinschaft Dialyse Braunsdorf e. V.
Gerd Schloddarick
Beeskower Straße 26
15848 Friedland
03 36 76/52 33

Bremen

IG der Dialysepatienten und Nierentransplantierten Bremen e. V.
Manfred Hirschmann
Gersweiler Str. 11
28309 Bremen
04 21/45 48 83

Hamburg

Künstlich Niere Hamburg e. V.
Günter Polster,
Heimchenweg 5,
22523 Hamburg
0 40/5 31 82 83

Hessen

IG der Dialysepatienten und Transplantierten Nordhessen e. V.
Herbert Becker,
Albertstr. 6
34560 Fritzlar,
0 56 22/67 61

IG der Dialysepatienten und Nierentransplantierten Darmstadt e. V.
Georg Seibert,
Odenwaldstraße 34,
64832 Babenhausen
0 60 73/21 57

IG der Dialysepatienten und Transplantierten Wiesbaden e. V.
Jürgen Ansorge,
Geschäftsstelle:
65195 Wiesbaden
Blücherstraße 12-14
06 11/49 53 30

Dialysepatienten und Transplantierte Mittelhessen e. V.
Dr. Henning Schott,
Herrnstraße 3
35447 Reiskirchen
0 64 08/67 98

IG der Dialysepatienten und Nierentransplantierten für den Raum Frankfurt e.V.
Detlef Heifelder,
Dr. Fuchs-Str. 4
61381 Friedrichsdorf,
0 61 72/7 88 31

Mecklenburg-Vorpommern

Landesverband Mecklenburg-Vorpommern
Bernd Kuhlmann
Wolgaster Straße 3
18109 Rostock
03 81/7 69 70 33

Verein Dialyse Rostock
Dr. Christian Binsch
Clements-Straße 3-4
18057 Rostock
03 81/45 51 69

Wismar
F. Tiedemann,
J.-R. Becher Straße 28,
23966 Wismar
0 38 41/73 15 19

Neubrandenburg
Eckard Saß
Max-Leistner-Str. 37
17098 Friedland/Mecklenburg
0 96 01/2 66 70

IG der Dialysepatienten und Nierentransplantierten Schwerin e. V.
Dieter Grevsmühl,
Gartenweg 7 A,
19057 Schwerin

Niedersachsen

IG Nierenkranker und Dialysepatienten, Niedersachsen e. V.
Werner Hamann,
Schulstr. 29,
31073 Delligsen,
0 51 87/14 34

Stade
Wilhelm Lentzen,
Am Brackufer 14,
21706 Drochtersen,
0 41 43/67 17

Vechta
Alfred Börgerding,
Quakenbrücker Straße 37,
49413 Dinklage,
0 44 43/6 82

Oldenburg/Sanderbusch
Manfred Völge,
Meisenweg 9,
26131 Oldenburg,
04 41/5 19 50

Papenburg
Anne und Abram Walker,
Splitting rechts 100,
26871 Papenburg
0 49 61/7 11 30

Hannover
Ursula Klehm,
Lessingstraße 9
30826 Garbsen
0 51 31/26 29

Celle
Brigitte Meier,
Neue Str. 10,
29348 Eschede
0 51 42/20 09

Hildesheim und Umgebung
Brigitte Pawelzik
Ostpreußenstraße 30
31139 Hildesheim
0 51 21/26 20 79

Hameln/Pyrmont/Schaumb.
Frau Brunhilde Requardt
Berliner Straße 8
31840 Hess.-Oldendorf
0 51 52/23 11

Braunschweig
Hans Lamp,
Friedenstraße 3,
31228 Peine,
0 51 71/27 85

Göttingen
Ernst-Friedrich Windel,
Petrikirchstraße 35
37077 Göttingen,
05 51/3 44 71

Lingen
Manfred Abram
Heidestraße 22
49808 Lingen (Ems)
05 91/6 42 75

Osnabrück
Erhard Hinz,
Wichernstr. 34,
49326 Melle
0 54 28/6 62

Nordrhein-Westfalen

IG Künstliche Niere Nordrhein-Westfalen e. V.
Ditmar Steinbrecher
Geschäftsstelle,
Postfach 10 07 08
41407 Neuss
0 21 31/3 03 17
0 21 31/3 36 38

Kreis Neuss, Düsseldorf
Kläre und Georg Lipp
Berghäuschensweg 37
41464 Neuss
0 21 31/16 70 30

Krefeld, Viersen, Kempen
Annemarie Göbels
Dampfmühlenweg 31/33
47799 Krefeld
0 21 51/2 11 93 privat

Mönchengladbach/Reydt
Anna-Maria u. Lothar Meißner
Plattenstraße 125
41189 Mönchengladbach
0 21 66/5 11 82

Westl. Ruhrgebiet, Duisburg, Mühlheim, Oberhausen
Helmut Wegener,
Sudetenstraße 40,
47249 Duisburg
02 03/70 29 96

Niederrhein, Moers, Kleve, Wesel
Johann Hoffmann
Bogenstraße 68
47475 Kamp-Lintfort,
0 28 42/5 00 04

Stadt Essen
Ansprechspartner:
Ludwig Möller
Am Roswitha-Denkmal 14
45527 Hattingen
0 23 24/3 04 43

Münster-Südwest, Gelsenkirchen, Recklinghausen, Bottrop
Gerhard Märker
Im Fuhlenbrock 160
46242 Bottrop,
0 20 41/5 25 13

Lippe-Hellweg, Unna, Soest, Hamm
André Beiske, jun.
Teigelofen 15,
59071 Hamm
0 23 88/38 34

Kreis Gütersloh
z. Zt. nicht besetzt

Kreis Minden-Lübecke
Helmut Altvater,
Auenweg 51,
32425 Minden,
05 71/4 67 32

Bielefeld, Kreis Herford
Bernd Rolf,
Am Werresdamm 7
32584 Löhne
0 57 32/52 76

Paderborn/Höxter sowie **Kreis Lippe-Detmold**
Ansprechspartnerin:
Mechthild Kempkes
Hardisser Straße 82
32791 Lage
0 52 32/6 65 33

Aachen Stadt und Land Kreis Düren und Heinsberg
Gisela Bissinger
Gladbacher Straße 225
50189 Elsdorf
0 22 74/18 75

Erkelenz und Linnich
Frau Gisela Bissinger
Gladbacher Straße 225
50189 Elsdorf
0 22 74/18 75

Münsterland, Münster, Coesfeld, Steinfurt, Warendorf,
Dr. rer. nat. Charlotte Rotermund
Steinfurter Straße 33
59387 Ascheberg
0 25 93/62 45

Bergisches Land, Wuppertal, Remscheid, Solingen
z. Zt. unbesetzt

Hochsauerland, Kreis Meschede
Joachim Kleinehr,
Kirchstr. 31
59823 Arnsberg
0 29 37/3 04

Ennepe-Ruhr-Kreis
Heinz-Norbert Siegmann
Martin-Luther-Straße 9
45525 Hattingen
0 23 24/2 42 21
0 23 24/5 28 69

Kreis Olpe
Ursula Hermann,
Biggestr. 118 a
57462 Olpe,
0 27 61/46 94

Die Peritoneal Dialyse e. V. (Selbsthilfegruppe für PD-Patienten und ihre Angehörigen)
Gerlinde Krüger
Altenbrückstraße 103
40599 Düsseldorf
02 11/74 71 54

Gemeinschaft der Nierenkranken, Dialysepatienten und Transplantierten im Kreis Mettmann e. V.
Gartenstraße 8
40822 Mettmann
0 21 04/8 16 11
oder Rudi Becker
0 21 73/8 10 22
oder Dieter Stöver
02 11/24 19 86

Selbsthilfegruppe der Dialysepatienten und Tranplantierten Bochum e. V.
Wilfried Dümpelmann,
Sylvesterstraße 3,
44795 Bochum
02 34/43 34 53

Selbsthilfeverein Nierenkranker Dortmund e. V.
Klaus Genster
0 23 02/6 22 85
Geschäfsstelle: DPWV-Haus,
Westhoffstraße 8-12,
44145 Dortmund 02 31/83 79 90

Dialyseverein Köln e. V.
Hans-Jürgen Geldner
August-Haas-Straße 33
50737 Köln
02 21/5 99 29 94
02 21/5 99 56 18

Selbsthilfegruppe Nierenkranker in Lünen und Umgebung e. V. (SGNL)
Reinhard Wolff,
Gesundheitshaus,
Am Roggenmarkt 18-20
44534 Lünen
Postanschrift:
Reinhard Wolff
Wilhelm-Hauff-Str. 17
44534 Lünen

Arbeitsgemeinschaft für Nephrologie Wuppertal e. V.
Brigitte Winkel
Am Untergraben 35
42399 Wuppertal
02 02/61 22 93

Rheinland-Pfalz

IG Nierenkranker und Transplantierter Mittelrhein e. V.
Hubert Mäder,
An der Hauptschule 10
56637 Plaidt
0 26 32/7 33 17

IG Künstliche Niere Rheinland-Pfalz-Nord e. V.
Wolfgang Schull
Robert Koch Straße 7
56727 Mayen
0 26 51/7 76 36

Dialysepatienten Mainz e. V.
Rolf Biermann,
Karl-Trau-Straße 7,
55130 Mainz-Weisenau,
0 61 31/8 53 53

IG der Dialysepatienten Rhein-Neckar e. V.
Jürgen Poerschke,
Odinstalweg 22,
67157 Wachenheim,
0 63 22/6 15 69

IG der Dialysepatienten Kaiserslautern e. V.
Albert Zoz,
Zilleweg 4,
67659 Kaiserslautern,
06 31/7 88 29

Saar

IG der Dialysepatienten und Nierentransplantierten Saar e. V.
Volker Ludwig,
Beim Weisenstein 6
66125 Saarbrücken-Dudweiler,
0 68 97/76 40 17

Sachsen

Dialyseverband Sachsen
Annegret Bresch,
Windmühlenweg 5A
04849 Bad Düben,
03 42 43/2 29 30

IGD Chemnitz
Andreas Patzelt,
Haardt 27,
09247 Röhrsdorf

IG der Nierenkranken in Dresden e. V.
Wolfgang Schneider
Schäferstraße 89
01067 Dresden

Großenhain
Claus Ilchmann,
Kahlhügelweg 48,
01640 Neusörnewitz

Plauen
Ingrid Nullmeyer,
Obere Kirchstraße 6,
08606 Oelsnitz

IDN Leipzig e. V.
Uwe Johannsen,
Dr. Friedrich-Straße 7,
04808 Wurzen

Zwickau
Joachim Burigk,
Dorfstr. 76,
04657 Langenleuba-Oberhain
03 73 81/51 61

IVDD Chemnitz e. V.
Gerd Döring
Bersarinstraße 38
09130 Chemnitz
03 71/72 37 30

Bad Düben
Joachim Reiche
Am Schalm 2 a
04849 Bad Düben

Borna
Lothar Schmidt
Gartenstraße 6
04567 Kitscher

Sachsen-Anhalt

Interessenverband der Dialysepatienten und Nierentransplantierten Sachsen-Anhalts
Udo Kreissel
Lübecker Straße 22
39124 Magdeburg
03 91/22 46 85

Interessenverband der Dialyse Magdeburg e. V.
Helmut Diener,
Postfach 1226
39029 Magdeburg
03 91/22 46 39
oder
Helmut Diener,
Schrotebogen 7
39126 Magdeburg
03 91/22 46 39

IG für Dialysekranke und Transplantierte Dessau
Rainer Donath,
Greppiner Straße 23,
06792 Sandersdorf

Schleswig-Holstein

IG der Dialysepatienten und Nierentransplantierten in Schleswig-Holstein e. V.
Peter Schaefer
Goethestraße 23
24116 Kiel
04 31/55 13 11

IG der Dialysepatienten und Transplantierten Flensburg e. V.
Margot Springer,
Geschäftsstelle:
DBWV-Haus
Wrangelstr. 17,
24943 Flensburg,
04 61/2 08 80

Verband der Dialysepatienten und Transplantierten in Lübeck e. V.
Lutz Hennings,
Telemannweg 6
23556 Lübeck,
04 51/4 63 98

Thüringen

IG der Dialysepatienten und Nierentransplantierten Thüringens e. V.
Roland Noé
Bruno-Aspitz-Straße 19
99427 Weimar-Schöndorf
0 36 43/41 01 02

Saalfeld
Monika Kaiser,
Neue Schulstraße 67,
07407 Rudolstadt

Erfurt
Frau Rosemarie Rudolph
Berliner Straße 30
99091 Erfurt
03 61/72 32 41

Nordhausen
z.Zt. unbesetzt

Elternvereine

Elternkreis Kinderdialyse Hamburg
Walter Achatzi
Am Vossberg 4 a
24568 Kaltenkirchen
0 41 91/10 90

Förderkreis chronisch nierenkranker Kinder e. V.
Peter Löckert
Rassmussenstraße 9
18106 Rostock

Selbsthilfe nierenkranker Kinder und Jugendlicher e. V.
Sitz: 3000 Hannover
Christa Lanfer,
Bettina Weg 31
32423 Minden
05 71/3 14 61

Förderverein nierenkranker Kinder und Jugendlicher Essen-Düsseldorf e. V.
Wolfgang Hunger,
Uechtmannstraße 32,
45966 Gladbeck
0 20 43/5 66 16

Gesprächskreis Eltern nierenkranker Kinder Münster e. V.
Karin Drobny
Korte Breede 3
59320 Ennigerloh
0 25 87/5 85

Selbsthilfe nierenkranker Kinder und Jugendlicher Köln e. V.
Sabine Jüttner Storp
Osenauer Straße 34
51519 Odenthal
0 22 02/76 08

Elterninitiative Kinderdialyse Marburg e. V.
Kornelia Kuhlmann,
Kleine Ringstraße 3,
35745 Herborn-Hörbach,
0 27 72/5 30 65

Kinderdialyse Leipzig
Steffi Knorrn
Ölhafenstraße 4,
04159 Leipzig

IG Reha chronisch nierenkranker und transplantierter Kinder und Jugendlicher e. V. Heidelberg
Franz Jakob,
Horrenberger Straße 12,
74909 Meckesheim,
0 78 02/51 94

Hilfe für nierenkranke Kinder und Jugendliche e. V., Freiburg
Herbert Geppert,
Spitzbünd 7,
77704 Oberkirch,
0 78 02/32 33

Deutsche Sportvereinigung für Organtransplantierte e. V.
Knud Erben
Eininger Straße 10 e
80993 München
0 89/1 49 57 68
0 89/1 41 62 70

Hilfsfonds Dialyseferien e. V.
Rolf Stockburger
Rieslingweg 10
71554 Weissach im Tal
0 71 91/5 83 99

Italien

Associazione Altoatesina nefropatici/Südtiroler Nierenkranken-Verband
I-39100 Bolzano-Bozen,
Via C. Battisti_Straße Nr. 33
Florian Mair,
St. Peter-Weg 19,
I-39018 Terlan,
(00 39) 4 71/5 75 95

Luxemburg

Association Luxembourgeoise des Malades Renaux a.s.b.l.
L-1027 Luxembourg,
BP 2713,
Vic Christophe,
0 03 52/37 84 58 und 44 11 20 22

Niederlande

Nier Stichting Nederland
Groot Hertoginnelaan 34
1405 EE Bussum
00 31/21 59/1 50 57
00 31/21 59/1 58 48
oder
Postfach 20 20
1400 DA Bussum

Nierpatientenvereinigung LVD
Groot Hertoginnelaan 34
1405 EE Bussum
oder Postbus 284
1400 AG Bussum
0031/21 59/1 21 28
00 31/21 59/93 34

Österreich

Gesellschaft Nierentransplantierter und Dialysepatienten Österreichs
Hofrat Dr. Herbert Schmid,
Neulerchenfelder Straße 10/I/3/17,
A-1160 Wien
(0043) 2 22/4 08 38 18

Vereinigung der Dialysepatienten und Nierentransplantierten Oberösterreichs
Günther Huber,
Alpenblickstraße 39,
A-4060 Leonding,
07 32/67 44 95 oder
07 32/31 33 52 (Weinlich)

Verein der Dialysepatienten und Nierentransplantierten Tirols
Richard Schneider,
Höhenstr. 14,
A-6020 Innsbruck
05 12/29 14 11 abends
05 12/29 14 11 tagsüber

Interessengemeinschaft der Dialysepatienten und Nierentransplantierten Vorarlberg
Carinagasse 45,
A-6807 Feldkirch

Erste Steierische Interessengemeinschaft der Dialysepatienten und Nierentransplantierten
Franz Wiedner,
Postfach 19,
A-8016 Graz,
03 16/46 23 64

Interessengemeinschaft der Dialysepatienten und Nierentransplantierten Kärntens
Walter Ambrusch,
Babenberger Straße 56,
A-9020 Klagenfurt,
04 63/26 29 83

Schweiz

Verband der Nierenpatienten der Schweiz (VNPS)
(Société Suisse des malades d'insuffiance rénale (SSMIR),
Associazione Svizzera per patienti d'insufficienza renale (ASPIR)
Yvonne Guérini-Brunner, 7, rte de Founex,
CH-1291
Commugny,
0 22/7 76 11 13

Regio-Vaud
AVDIR, Case postale 30,
CH-1030 Bussigny,
0 21/7 01 36 81

Regio-Genève
AGIR, Case postale 45,
CH-1211 Genève
022/344 44 47

Regio-Valais
M. Robert Kalbermatten,
rte du Levant 16,
CH-1920 Matigny

Regio Jura
Suzanne Knutti
3, ch des Báts
CH-2800 Delenont

Regio-Solothurn
Gerhard Baer
Eichenweg 25
CH-4500 Solothurn

Regio-Bern
Hans Schweizer, Gammen,
CH-3206 Rizenbach,
0 31/7 47 81 92

Regio-Basel
Alfred Bär,
Auf der Wacht 41,
CH-4104 Oberwil,
0 61/30 13 29

Regio-Aargau
Gerhart Suter,
Birkenweg 8,
CH-5312 Döttingen,
0 56/45 31 16

Regio-Tricino
Adriano Turchetti,
Gasa Lisetta,
CH-6518 Gorduno,
0 92/29 27 64

Regio-Graubünden
Christian Ryffel,
Silserweg 5,
CH-7000 Chur

Regio-Zürich
Peter Pamperl
Gotzenwilerstr. 29
CH-8405 Winterthur

Untergruppe VENK
Verein der Eltern von
nierenkranken Kindern
Meona loepfe,
Auf Salenrai 4
CH-8712 Stäfa

Regio-St. Gallen
Hugo Schärer,
Toggenburger Straße 137 a
CH-9500 Wil,
0 73/23 58 09

6 Heimdialyse

Gegenwärtig behandeln sich in Deutschland etwa 600 Personen mit der Hämodialyse zu Hause (Heimdialyse) mit Hilfe der Angehörigen. Zwar bedeutet für Kranke und Angehörige die Heimdialyse einen relativ hohen Aufwand an Arbeit, Verantwortung und vielleicht auch Stress. Doch andererseits entfallen die Fahrten zum und vom Dialysezentrum, die Behandlungszeiten lassen sich flexibler gestalten, Berufstätigkeit und Freizeitbeschäftigung werden weniger beeinträchtigt. Der Kranke bleibt selbständiger, bewahrt sich ein hohes Selbstwertgefühl und kann entsprechend besser rehabilitiert werden.

Patient und ein naher Angehöriger erhalten im Heimatdialysezentrum oder in einem Trainingszentrum eine Ausbildung zur Bedienung der Apparaturen, dem Anschließen der Maschine an den Blutkreislauf, der Erkennung und Behebung technischer Komplikationen sowie von möglichen Störungen der Organfunktionen des Dialysepatienten während der Behandlung.

Mit der Installation der Geräte in der Wohnung des Patienten ist die Aufgabe des zuständigen Zentrums nicht abgeschlossen. Ärztliche und technische Betreuung bleiben bei Bedarf ohne Einschränkung gesichert. Gegebenenfalls kann das Dialysezentrum auch eine Krankenschwester oder einen Pfleger zur Unterstützung delegieren.

Der Dialysepatient wird bei Heimdialyse von seinem Dialysezentrum auch weiterhin betreut und beraten!

Schlußgedanken

Im vorgelegten Buch habe ich den Versuch unternommen, meine fast 25jährigen Erfahrungen mit Nierenkranken einer interessierten Leserschaft in verständlicher Weise näherzubringen. Es sind praktische und wissenschaftliche Erkenntnisse, die ich sammeln, auswerten, vergleichen und erproben konnte.

Das chronische Nierenversagen kommt und geht nicht wie so manche andere Krankheit. Ist es diagnostiziert, kann es vom Arzt durch medizinische Maßnahmen allein auf Dauer nicht gesteuert und bewältigt werden. Der Erfolg seiner Bemühungen wird entscheidend durch die aktive Unterstützung von Seiten des Patienten mitbestimmt. Am Anfang muß stehen, daß dieser die Nierenerkrankung begreift als das, was sie ist: Ein mehrdimensionales Schicksal, dem er jedoch nicht passiv oder chancenlos ausgeliefert ist. Nimmt er die Auseinandersetzung mit seiner Krankheit entschlossen auf, dann bleibt ihm die reale Hoffnung, daß er gemeinsam mit dem Arzt ihre Grenzen und Auswirkungen bestimmen und beeinflussen kann.

Der aufmerksame Leser meines Buches hat verstanden: Der Nierenkranke, mit seinem Zustand oft überraschend konfrontiert, braucht vom ersten Tag der Krankheit an die volle Zuwendung des Arztes, des geschulten Fachpersonals und seiner Angehörigen.

Wie nur wenige Krankheiten sonst führt ein chronisches Nierenleiden zu gravierenden Veränderungen im Alltag des Patienten. Aber wie bei anderen Krankheiten auch, verfügt der Betroffene über reale Kompensationsmöglichkeiten. Sein Realismus der eigenen Krankheit gegenüber braucht der Hoffnung nicht zu entbehren, jener Menschenhoffnung, wie Schiller sie verstand, als er formulierte, daß diese „kein leerer, schmeichelnder Wahn" sei und die innere Stimme des Menschen „die hoffende Seele" nicht enttäuscht.

Dabei richtet sich die Hoffnung der Nierenkranken nicht nur auf eine erfolgreiche Nierentransplantation. Bei einer „weltweit" so stark beachteten Krankheit kann davon ausgegangen werden, daß der medizinische Fortschritt im für diese Erkrankung so wichtigen apparativen und medikamentösen Bereich neue Entwicklungen hervorbringt und erfolgreich einsetzen wird.

Ich habe in meinem Buch dargelegt und wiederhole es wegen seiner Bedeutung, daß der persönliche Beitrag des Kranken eine wichtige Barriere vor einem nicht hinnehmbaren Abbau seiner Lebensqualität ist. Daß der Alltag eines Patienten anderen Gesetzen und Verläufen unterliegt wie vor dem Eintritt der Krankheit, kann jeder Betroffene verstehen und akzeptieren. Aber die Defizite der „Krankheitsgegenwart" müssen für ihn verkraftbar bleiben. Ein zufriedenstellendes Leben zu führen, mit nur geringen Hilfen von außen, ist kein unbescheidener Wunsch, „soviel ambulante Behandlung wie möglich, soviel stationäre wie nötig" ebenso nicht!

Nicht übersehen werden darf, daß die krankheitsbedingte Abnahme außerfamiliärer Kontakte zu einer steigenden Bedeutung innerfamiliärer führt. Das stellt die wichtige Frage, inwieweit die Familie in der Lage ist, die notwendigen Hilfs- und Pflegeleistungen über längere Zeiträume zu erbringen. Dabei ist „Über-Pflege" und „Über-Sorge" nicht angesagt, da eine solches Verhalten Unselbständigkeit und Abhängigkeit hervorbringen würde.

Bliebe ein nochmaliger Hinweis zu Beruf und Arbeit. Eine längere Beibehaltung der beruflichen Integration bei flexiblen Arbeitszeiten, ein „sanfter" Übergang in den Vorruhestand und Angebote für „nachberufliche Engagements" sind von großer Wichtigkeit. Sie sichern und erhalten für längere Zeiträume eine Phase der körperlichen und geistigen Stabilität. Der Nierenpatient versteht sich unter solchen Bedingungen nicht als Außenseiter oder Teil einer Problemgruppe, sondern als ein aktives und benötigtes Mitglied der Gemeinschaft und seiner Familie.

Ergänzende und vertiefende Literatur

Eismann, R. J. Konert, J. Schabel: Nierentransplantation. Johann Ambrosius Barth, Leipzig-Berlin-Heidelberg, 1993

Franz, H.E.: Dialysebehandlung-Ratgeber für Patienten und Pflegepersonal. Georg Thieme Verlag Stuttgart, 1989

Huber, W., T. Müller. W. Kunze, M. Schwab, S. Kuppers: Der Dialysepatient und chronisch Nierenkranke im Erwerbsleben 1990, 91–105

Landthaler, I.: Abwechslungsreiche Ernährung für Dialysepatienten. Fresenius AG, Bad Homburg

Landthaler, I.: Essen – Trinken – Lust oder Last? Dialyse und Ernährung. Interessenverband der Dialysepatienten und Transplantierten Deutschlands e.V.

Pichelmayer, I.; R. Pichelmayer: Lebenschance Organtransplantation. Thieme Stuttgart, 1991

Schönweiß, G.: Dialyse-Fibel. Perimed Fachbuch-Verlagsges. Erlangen,1990

Stradtmann, H., H. Kienle: „Diätscheibe", 1992

Alternative Behandlungsmethoden bei terminaler Niereninsuffizienz. Moderne Peritonealdialyse-Verfahren CAPD, CCPD, IPD, Baxter Deutschland GmbH, Bereich Nephrologische Therapie, 1989,

Dialyse International. Dialysepatienten Deutschlands e.V., Arbeitskreis Urlaubsdialyse, (jährlich)

Dialyse-Sport-Programm für chronisch Nierenkranke (Informationsbroschüre, Gymnastik-Programm mit Postern, Aktivpaß) Boehringer Mannheim GmbH,

„Essen und Trinken" – wie wähle ich vernünftig aus? Nährwerttabelle Boehringer Mannheim GmbH, 1992

Lebensmittelgraphiken für Dialysepatienten. Verein zur Förderung der gesunden Ernährung und Diätetik (VFED) e.V., 1993

Lexikon für den Patienten mit Nierenversagen, Dialysepatienten Deutschlands e.V., 1991

Nierenversagen – Ratgeber für Patienten und Angehörige. Dialysepatienten Deutschlands e.V. (DD) und Deutsche Dialysegesellschaft niedergelassener Ärzte e.V., 1993

Die Peritoneal-Dialyse. Ein praxisorientierter Leitfaden für Patienten und ihre Partner. Baxter, 1991

Ratgeber für Behinderte, Bundesministerium für Arbeit und Sozialordnung, Referat Öffentlichkeitsarbeit, Postfach, 53175 Bonn 1

Rehabilitationsklinik Heidelberg. Stiftung Rehabilitation Heidelberg Bonhoefferstr. 69123 Heidelberg 1

„Richtig Essen und Trinken“ für Dialysepatienten. Verein zur Förderung der gesunden Ernährung und Diätetik (VFED) e.V., 1993

Tabellen über Zusatzstoffe in Nahrungsmitteln sind zu beziehen über:

- Deutsche Bundeszentrale für gesundheitliche Aufklärung, Ostmerheimer Str. 20, 51109 Köln
- Bund für Lebensmittelrecht und Lebensmittelkunde e.V., Godesberger Allee 157, 53175 Bonn

Erklärungen der Fremdwörter und Abkürzungen

Abstoßung: Zerstörung von Gewebe, das vom Körper als fremd erkannt wird

Abszeß: abgekapselte Eiteransammlung

akut: plötzlich auftretend, schnell und heftig verlaufend (Gegenteil chronisch)

Allergie: Überempfindlichkeit des Körpers gegen bestimmte Stoffe (→ Antigene)

Aminosäuren: Bausteine der Eiweiße

Amyloidose: Ablagerungen von Eiweißstoffen im Gewebe, wodurch die Funktion von Organen beeinträchtigt werden kann

Analgetika: Schmerzmittel

Analgetikanephropathie: Schädigung der Nieren durch Analgetika (Schmerzmittel)

Anämie: Blutarmut

Anamnese: Vorgeschichte, Krankengeschichte

Aneurysma: sackförmige Erweiterung eines Blutgefäßes

Antibiotikum: Sammelname für Stoffe, die Bakterien töten oder sie an der Vermehrung hindern

Antihypertensiva: Medikamente zur Behandlung eines erhöhten Blutdrukkes (Hypertonie)

Antigene: pflanzliche und tierische Eiweißstoffe, Medikamente und chemische Elemente, die nach wiederholtem oder längerem Kontakt mit dem körpereigenen Abwehrsystem zu → Allergien führen

Antikörper: speziell auf bestimmte Antigene (z. B. Hepatitis-Viren) programmierte Abwehrstoffe (Eiweiße) im Blut

arterio-venöse Fistel: operativ angelegte Vereinigung einer Arterie mit einer Vene (unter der Haut) als Zugang für die Hämodialyse

Arteriosklerose: Gefäßverkalkung

Azidose: Übersäuerung des Blutes

Azotämie: Anhäufung von → harnpflichtigen Substanzen im Blut

Bakterien: Krankheitserreger

Bikarbonation: chemische Substanz, die in wäßriger Lösung Wasserstoffionen aufnehmen kann; dient zum Schutz vor Übersäuerung des Blutes (→ Azidose)

Biopsie: Gewebeentnahme zur Untersuchung (z. B. Nierenbiopsie, Knochenmarkbiopsie)

CAPD: Chronisch ambulante Peritonealdialyse (Bauchfelldialyse)

chronisch: sich langsam entwickelnd, langsam verlaufend (Gegenteil akut)

Clearance: Maß für das Reinigungsvermögen der Nieren oder eines Dialysators

Computertomographie: schichtweise Untersuchung von Organen mittels Röntgenstrahlen und Cornputeranalyse

Desferal-Test: auch als Desferal-Aluminium-Mobilisationstest bezeichnet, mit dem das Ausmaß einer Aluminiumüberladung des Körpers festgestellt werden kann

Desinfektion: Abtöten oder Hemmen aller krankmachenden Erreger

Diabetes mellitus: Zuckerkrankheit

Dialysat: Spülflüssigkeit, die aus der künstlichen Niere austritt; eine Lösung, die sich aus der Dialysierflüssigkeit und den Abfallprodukten aus dem Blut zusammensetzt

Dialysierflüssigkeit: Spülflüssigkeit, die in die künstlichen Niere eintritt; eine Lösung aus Salzen und Wasser

Diät: bestimmte Ernährungsform bei verschiedenen Erkrankungen

Diuretika: Medikamente, die die Urinausscheidung fördern

Erythropoietin: ein in der Niere gebildetes Hormon, das für die Blutbildung erforderlich ist

Erythrozyt: rotes Blutkörperchen

extrakorporal: außerhalb des Körpers

Filtration: Absonderung von Blutschlackenstoffe und von Nahrungssalzen (→ harnpflichtigen Substanzen) aus der Blutbahn in das System der Nierenkanälchen

Gefäßprothese: operativ eingesetzte eigene Venen oder Kunststoffröhren als Ersatz für Blutgefäße

Glomerulonephritis: entzündliche Nierenerkrankung mit Befall der Nierenkörperchen (→ Glomeruli)

Glomerulus: Nierenkörperchen, bestehend aus einem Gefäßknäuel; hier findet die Absonderung der Blutschlackenstoffe aus dem Blut statt

Glukose: Traubenzucker

großlumig: mit großem Durchmesser

Hämatokrit: Anteil des Volumens aller roten Blutkörperchen am Gesamtblut

Hämatom: Bluterguß

Hartwassersyndrom: mit Übelkeit, Erbrechen, Bluthochdruck, Kopfschmerz, Hitzegefühl, Muskelschwäche einhergehende Komplikation der → Hämodialyse infolge fehlerhafter Zubereitung der → Dialysierflüssigkeit (zu kalkhaltiges Wasser)

Hämodialyse: Blutwäsche

Hämoglobin: roter Blutfarbstoff

harnpflichtige Substanzen: Substanzen, die beim Gesunden über die Nieren ausgeschieden werden (Stoffwechselprodukte wie Harnstoff, Kreatinin, Wasser, Salze, Säuren u. a.)
Harnstoff: Abbauprodukt des Eiweißstoffwechsels; muß von den Nieren als Schlackenstoff abfiltriert werden (→ harnpflichtige Substanzen)
Heimdialyse: Dialyse zu Hause
Heparin: verhinderte die Blutgerinnung
Heparinisierung: Gabe von Heparin mit dem Ziel, eine Blutgerinnung zu vermeiden
Hepatitis: Leberentzündung, die vorrangig verursacht wird durch Viren (z. B. Hepatitis B, Hepatitis C), Medikamente, Alkohol oder Stoffwechselerkrankungen
Herzinsuffizienz: stark eingeschränkte Herzleistung
High-flux-Dialysator: Dialysatoren mit einer sehr hohen Ultrafiltrationsleistung
Hirntod: Absterben des Gehirns
Hormone: verschiedene körpereigene Substanzen, die in Drüsen erzeugt werden und zur Steuerung bestimmter Körpervorgänge dienen
Hypertonie: Bluthochdruck
Immunsystem: Abwehrsystem des Körpers gegen Fremdstoffe
Indikation: Notwendigkeit zur Anwendung einer Behandlung oder eines Verfahrens
Infusion: Einbringen von Flüssigkeiten und Medikamenten direkt in den Körper, z. B. in eine Armvene
Insulin: Hormon der Bauchspeicheldrüse, das den Stoffwechsel der Kohlehydrate steuert; bei → Diabetes mellitus nicht ausreichend vorhanden
intermittierend: stoßweise (Gegenteil kontinuierlich)
Kalium: wichtiges Blutsalz, das bei hoher Konzentration zur Herzschädigung bis zum Herzstillstand führen kann
Kapillare: sehr dünne Röhrchen oder Gefäße
kardiovaskulär: Herz und Gefäße betreffend
Katheter: röhrenförmiges Instrument, das in Hohlorganen eingeführt wird, um Substanzen einzuführen oder zu entnehmen (z. B. Blasenkatheter, Gefäßkatheter, Bauchfellkatheter)
Kompressionsverband: Druckverband
Kontraindikation: ein Umstand, der gegen eine bestimmte Behandlung spricht (Gegenanzeige)
Kreatinin: Abbauprodukt des Muskelstoffwechsels; muß von den Nieren als Schlackenstoff abfiltriert werden (→ harnpflichtige Substanzen)
Leukozyt: weißes Blutkörperchen
Membran: dünne Trennwand
ml/min: Milliliter pro Minute

mmHg: Millimeter Quecksilbersäule (Maß für den Blutdruck)
g/kg KG: Gramm pro Kilogramm Körpergewicht
Molekulargewicht: Summe der Gewichte aller Atome in einer Verbindung
Nephron: kleinste Einheit des Filtrationsapparates der Niere, bestehend aus Glomerulus und Nierenkanälchen (pro Niere etwa 1 Million Nephrone), es ist der Ort der Harnbereitung
Nephropathie: Nierenerkrankung
niedermolekular: Stoffe mit kleinen → Molekulargewicht
Nierentransplantation: Nierenverpflanzung
Ödem: Ansammlung von Flüssigkeit im Gewebe
Osteoporose: Verringerung der Knochenmasse durch z. B. zu geringe Bildung neuer Knochensubstanz, führt zur erhöhten Bruchgefahr des Knochens
Parathormon (PTH): Hormon der Nebenschilddrüse
Peritonealdialyse: Dialyse, bei der die ausscheidungspflichtigen Substanzen durch das Peritoneum (→ Bauchfell) des Patienten abfiltriert werden
Peritoneum: Bauchfell
Plasma: Blutflüssigkeit
Primärharn: der Urin, der in den Glomerula der Nieren abfiltriert wird
prophylaktisch: vorbeugend, krankheitsverhütend
Punktion: bezüglich der → Hämodialyse: Einstich in ein Blutgefäß zur Herstellung des → extrakorporalen Kreislaufs
Pyelonephritis: fieberhafte Entzündung sowohl des Nierenbeckens als auch des Nierengewebes
Renin: ein in der Niere gebildetes Enzym, das an der Kontrolle des Blutdrucks beteiligt ist
Resorption: Aufnahme von Stoffen durch die Haut oder Schleimhaut (z. B. Darm, Nierenkanälchen) in die Blut- oder Lymphbahn
Rezirkulation: fehlerhafter Blutfluß, wobei schon gereinigtes Blut statt in die Vene direkt wieder in das arterielle System zurückfließt und damit wieder in den Dialysator gelangt
Schlackenstoffe: Schadstoffe wie Harnstoff, Kreatinin, Salze, Säuren, Wasser u. a., die über die Nieren ausgeschieden werden (→ harnpflichtige Substanzen)
Sonographie: Untersuchung von Organen mittels Ultraschall
Spurenelemente: chemische Elemente, die nur in geringen Mengen im Körper vorkommen, für die Abläufe zahlreicher Stoffwechselreaktionen aber unbedingt notwendig sind
Symptom: jeweils für eine bestimmte Krankheit typisches Erscheinungsbild
Thrombose: Blutgerinnung in einem Blutgefäß (Arterie oder Vene)

Thrombozyt: Blutplättchen (wichtig für die Blutgerinnung)
Toxine: Gifte
Urämie: Harnvergiftung durch eingeschränkte oder fehlende Nierenfunktion
urämische Symptome: Krankheitszeichen, die bei einer Urämie auftreten
Ureter: Harnleiter
Viren: kleinste Krankheitserreger
Zyste: ein- oder mehrkammeriges, durch eine Kapsel abgeschlossenes, sackartiges Gebilde mit dünn- oder dickflüssigem Inhalt; mit Körperwasser gefüllter Hohlraum (z. B. in der Niere: Nierenzyste)
Zystennieren: vererbbare Nierenerkrankung, bei der die Nieren von vielen Zysten durchsetzt sind
Zystoskopie: Untersuchung der Harnblase mit Hilfe einer über die Harnröhre eingeführten Lichtquelle und optischer Beobachtungsinstrumente
Zytologische Untersuchung: Zelluntersuchung

Information der Deutschen Dialyse Gesellschaft Niedergelassener Ärzte e. V.

Vorsitzender:
Dr. med. Heinrich Kütemeyer (Pforzheim)
2. Vorsitzender:
Dr. med. Helmut Eggert (Bremen)
Finanzen:
Dr. med. Udo W. Müller-Barthél (Ansbach)
Öffentlichkeitsarbeit:
Dr. med. Ulrich Saueressig (Wuppertal)
Dr. med. Günther Schönweiß (Bad Kissingen)
Dr. med. K.H. Götz (Neuruppin)

Die Deutsche Dialysegesellschaft niedergelassener Ärzte e. V., wurde 1980 gegründet. Dem Berufsverband gehören über 90 Prozent der niedergelassenen Nephrologen und Dialyseärzte an.

Primäre Ziele waren von Beginn an die Förderung und berufspolitische bzw. -rechtliche Sicherung einer flächendeckenden und dezentralen Behandlung nierenkranker und terminal niereninsuffizienter Patienten im Rahmen der vertragsärztlichen Versorgung.

Mit zunehmender Verbesserung der Nierenersatztherapie in den Siebzigerjahren, besonders auch durch die Fortschritte der medizinisch-technischen Entwicklung, konnten auch Patienten, die für die Heimdialyse nicht geeignet waren, ohne den unmittelbaren klinischen Hintergrund ambulant behandelt werden. In der Folge entschieden sich immer mehr erfahrene Klinikärzte für die Niederlassung, um chronisch nierenkranke Patienten in der freien Praxis zu betreuen. Zu den wichtigen therapeutischen Aufgaben der niedergelassenen Nephrologen gehören die Vorbereitung dafür geeigneter Patienten auf die Transplantation sowie deren Betreuung nach erfolgreicher Organübertragung.

Heute werden schätzungsweise 70 % aller chronisch Nierenkranken außerhalb von Kliniken behandelt. Dies ist von großem Vorteil für die Kostenträger. Die ambulante Therapie mit Hämodialyse in den Kassenarztpraxen kostet pro Patient und Jahr rund 60000 DM, in den Kliniken durchschnittlich 50 Prozent mehr.

Die Deutsche Dialysegesellschaft niedergelassener Ärzte e.V. ist in allen fachspezifischen Fragen beratender Gesprächspartner der Kassenärztlichen Bundesvereinigung bzw. Kassenärztlichen Landesvereinigungen.

Die DDnÄ vertritt die Gesamtheit des Berufsstandes gegenüber Behörden, Krankenkassenverbänden, innerhalb der ärztlichen Standesorganisationen und in der Öffentlichkeit. Zum Patientenverband bestehen gute Kontakte, die Arbeit der „Dialysepatienten Deutschlands e. V." wird unterstützt. Die Gesellschaft berät außerdem die Mitglieder sowohl im Vorfeld der Niederlassung als auch nach der Praxiseröffnung bei spezifischen Einzelproblemen. Ein regelmäßig erscheinendes Mitglieder-Info dient der gründlichen Information. Die „Nephrologische Rundschau" unterrichtet die Öffentlichkeit über aktuelle Fragen.

Die „Nephrologischen Jahresgespräche" der Deutschen Dialysegesellschaft niedergelassener Ärzte e. V. sind aufgrund ihres hohen wissenschaftlichen Niveaus seit Jahren ein Ereignis. Die Vorträge werden im Anschluß in Form einer Publikation veröffentlicht.